电气 CAD

梁金夏　韦湛兰　潘思妍　主　编

罗晓琼　李秋橙　温丽珍
　　　　　　　　　　　　副主编
曾丽颖　梁　进　韦小芬

天津出版传媒集团

天津科学技术出版社

内 容 简 介

　　本书由多位教学经验丰富的教师编写而成，在编写过程中注意软件基础知识与案例操作相结合，内容编排遵循教学规律，层次分明、内容翔实、实践性强、知识体系新，突出实用性、案例性的特点，让学生更能灵活快捷地应用软件进行电气工程制图，更好地为实际工作服务。本书全面介绍了 AutoCAD 2014 在电气工程制图中的基本功能和使用方法，包括电气制图基本知识、AutoCAD 2014 基本操作、绘制平面图形、二维图形编辑、文字与尺寸标注、绘制电动机控制系统接线图、绘制变配电系统及配电室图样、绘制简单建筑平面图、CAD 三维绘图基础、图样说明及打印输出等内容。

　　本书可作为高等职业院校计算机辅助设计课程教材，也可供相关技术人员学习参考。

图书在版编目（CIP）数据

　　电气 CAD/梁金夏，韦湛兰，潘思妍主编. --天津：

天津科学技术出版社，2021.4

　　ISBN　978-7-5576-8807-3

　　Ⅰ．①电…　Ⅱ．①梁…　②韦…　③潘…　Ⅲ．①电气设备－计算机辅助设计－AutoCAD 软件－高等职业教育－教材　Ⅳ．①TM02-39

　　中国版本图书馆 CIP 数据核字（2021）第 056848 号

电气 CAD

DIANQI CAD

责任编辑：刘　鸫

责任印制：兰　毅

出　版： 天津出版传媒集团
　　　　　 天津科学技术出版社

地　址：天津市西康路 35 号

邮　编：300051

电　话：(022)23332377(编辑室)

网　址：www.tjkjcbs.com.cn

发　行：新华书店经销

印　刷：北京时尚印佳彩色印刷有限公司

开本 787×1092　1/16　印张 15.25　字数 359 000

2021 年 4 月第 1 版第 1 次印刷

定价：75.00 元

前　　言

随着科学技术的迅猛发展及计算机技术的广泛应用，设计领域也在不断变革，各种新的设计制图工具不断涌现，使设计更为科学化、系统化和先进化。AutoCAD 作为一种电气图纸设计工具，以其方便快捷而被广泛使用。

为了使广大用户能尽快掌握使用 AutoCAD 2014 进行电气设计和绘图的方法，以便快速优质地设计和绘制电气图，本书根据高职高专的培养目标，由多位教学经验丰富的教师编写而成。在编写过程中注意软件基础知识与案例操作相结合，内容编排遵循教学规律，层次分明、内容翔实、实践性强、知识体系新，突出实用性、案例性的特点，让学生更能灵活快捷地应用软件进行电气工程制图，更好地为实际工作服务。

本书全面介绍了 AutoCAD 2014 在电气工程制图中的基本功能和使用方法，包括电气制图基本知识、AutoCAD 2014 基本操作、绘制平面图形、二维图形编辑、文字与尺寸标注、绘制电动机控制系统接线图、绘制变配电系统及配电室图样、绘制简单建筑平面图、CAD 三维绘图基础、图样说明及打印输出等内容。

本书可作为高等职业院校计算机辅助设计课程教材，也可供相关技术人员学习参考。

本书由梁金夏、韦湛兰、潘思妍担任主编，罗晓琼、李秋橙、温丽珍、曾丽颖、梁进、韦小芬担任副主编。

由于编者水平有限，书中不妥之处在所难免，恳请广大读者批评指正。

目　录

项目 1   电气制图基本知识

任务 1.1   国家标准的基本规定

1.1.1   电气工程 CAD 制图规范

电气工程设计部门设计、绘制图样，施工单位按图样组织工程施工，所以图样必须有设计和施工等部门共同遵守的一定的格式和一些基本规定。下面介绍国家标准 GB/T 18135—2008 《电气工程 CAD 制图规则》中常用的有关规定。

电气工程设计部门设计、绘制图样，施工单位按图样组织工程施工，所以图样必须有设计和施工等部门共同遵守的一定的格式和一些基本规定、要求。这些规定包括建筑电气工程图自身的规定和机械制图、建筑制图等方面的有关规定。

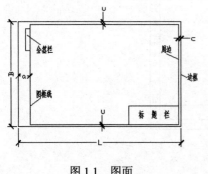

图 1.1   图面

1. 图纸的格式与幅面尺寸

（1）图纸的格式

一张图纸的完整图面是由边框线、图框线、标题栏、会签栏等组成的。其格式如图 1.1 所示。

（2）幅面尺寸

图纸的幅面就是由边框线所围成的图面。幅面尺寸共分五等：A0～A4，具体的尺寸要求如表 1.1 所示。

表 1.1   基本幅面尺寸   mm

幅 面 代 号	A0	A1	A2	A3	A4
宽×长(B×L)	841×1189	594×841	420×594	297×420	297×210
边宽(C)		10			5
装订侧边宽		25			

2. 标题栏

标题栏是用来确定图样的名称、图号、张次、更改和有关人员签署等内容的栏目，位于图样的下方或右下方。图中的说明、符号均应以标题栏的文字方向为准。

目前，我国尚没有统一规定标题栏的格式，各设计部门标题栏格式不一定相同。通常采用的标题栏格式应有以下内容：设计单位名称、工程名称、项目名称、图名、图别、图号等。图 1.2 是一种标题栏格式，可供读者借鉴。

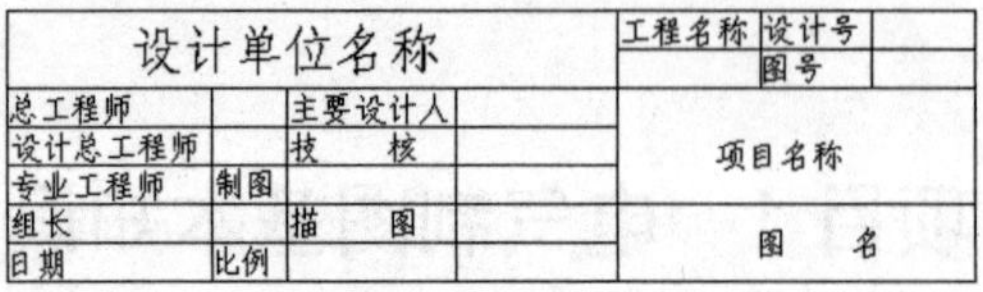

设计单位名称
工程名称
设计号
图号
总工程师
主要设计人
设计总工程师
技 核
项目名称
专业工程师
制图
组长
描 图
日期
比例
图 名

图 1.2 标题栏格式

3. 图幅分区

如果电气图上的内容很多，尤其是一些幅面大、内容复杂的图，要进行分区，以便在读图或更改图的过程中，迅速找到相应的部分。

图幅分区的方法是等分图纸相互垂直的两边。分区的数目视图的复杂程度而定，但要求每边必须为偶数。每一分区的长度一般不小于 25mm，不大于 75mm。分区代号，竖向方向用大写拉丁字母从上到下编号，横向方向用阿拉伯数字从左往右编号，如图 1.3 所示。分区代号用字母和数字表示，字母在前，数字在后，如 B2、C3 等。

1 2 3 4 5 6
A B C D
A B C D
1 2 3 4 5 6

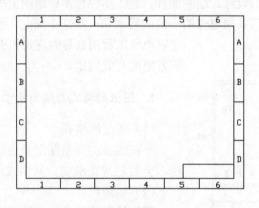

图 1.3 图幅分区

4. 图线

图线是绘制电气图所用的各种线条的统称，常用的图线如表 1.2 所示。

表 1.2 图线形式与应用

图线名称	图线形式	图线应用	图线名称	图线形式	图线应用
粗实线		电气线路，一次线路	点划线		控制线，信号线，围框线
细实线		二次线路，一般线路	点划线，双点划线		辅助围框线
虚 线		屏蔽线，机械连线	双点划线		辅助围框线，36V 以下线路

5. 字体

电气图中的字体必须符合标准，一般汉字常用仿宋体、宋体，字母、数字用正体、罗马字体。字体的大小一般为 2.5～10.0，也可以根据不同的场合使用更大的字体，根据文字所代表的内容不同应用不同大小的字体。一般来说，电气器件触点号最小，线号次之，器件名称号最大。具体也要根据实际调整。

6. 比例

由于图幅有限，而实际的设备尺寸大小不同，需要按照不同的比例绘制成才能安置在图中。图形与实物尺寸的比值称为比例。大部分电气工程图是不按比例绘制的，某些位置图则按比例绘制或部分按比例绘制。

电气工程图采用的比例一般为 1∶10、1∶20、1∶50、1∶100、1∶200、1∶500。例如，图样比例为 1∶100，图样上某段线路为 15cm，则实际长度为 15×100=1500cm。

7. 方位

一般来说，电气平面图按上北下南，左西右东来表示建筑物和设备的位置和朝向。但外电总平面图中用方位标记（指北针方向）来表示朝向。这是因为外电总平面图表现的图形不能总是刚好符合某规格的图样幅面，需要旋转一个角度才行。

8. 安装标高

在电气平面图中，电气设备和线路的安装高度是用标高来表示的，这与建筑制图类似。标高有绝对标高和相对标高两种表示方法。绝对标高是我国的一种高度表示方法，又称为海拔高度。相对标高是选择某一参考面为零点而确定的高度尺寸。建筑工程图上采用的相对标高，一般是选择建筑物室外地平面为±0.00m，标注方法为根据这个高度标注出相对高度。

在电气平面图中，也可以选择每一层地平面或楼面为参考面，电气设备和线路安装，敷设位置高度以该层地平面为基准，一般称为敷设标高。

9. 定位轴线

电力、照明和电信平面布置图通常是在建筑物平面图上完成的。由于在建筑平面图中，建筑物都标有定位轴线，因此电气平面布置图也带有轴线。定位轴线编号的原则是：在水平方向采用阿拉伯数字，由左向右注写；在垂直方向采用拉丁字母(其中 I、O、Z 不用)，由下往上注写，数字和字母分别用点划线引出。通过定位轴线可以帮助人们了解电气设备和其他设备的具体安装位置，使用定位轴线，可以很容易找到设备的位置，对修改、设计变更图样非常有利。

10. 详图

对于电气设备中某些零部件、连接点等的结构、做法、安装工艺要求，有时需要将这些部分单独放大，详细表示，这种图称为详图。

电气设备的某些部分的详图可以画在同一张图样上，也可画在另一张图样上。为了将它们联系起来，需要使用一个统一的标记。标注在总图某位置上的标记称为详图索引标志；标注在详图位置上的标记称为详图标志。

1.1.2 绘制电气工程图的规则

绘制电气工程图时通常应遵循以下规则。

1）采用国家规定的统一文字符号标准来绘制，这些标准分别是：GB 4728—85《电气图用图形符号》、GB/T 6988.1—1997《电气技术用文件的编制》、GB 7159—87《电气技术中的文字符号制定通则》。

2）同一电气元件的各个部件可以不绘制在一起。

3）触点按没有外力或没有通电时的原始状态绘制。

4）按动作顺序依次排列。

5）必须给出导线的线号。

6）注意导线的颜色。

7）横边从左到右用阿拉伯数字分别编号。

8）竖边从上到下用英文字母区分。

9）分区代号用该区域的字母和数字来表示，如 D1、D3 等。

1.1.3 元器件放置规则

在绘制电器元件布置图时要注意以下几个方面。

1）重量大和体积大的元件应安装在安装板的下部；发热元件应安装在上部，以利于散热。

2）强电和弱电要分开，同时应注意弱电的屏蔽问题和强电的干扰问题。

3）考虑维护和维修的方便性。

4）考虑制造和安装的工艺性、外形的美观、结构的整齐、操作人员的方便性等。

5）考虑布线整齐性和元件之间的走线空间等。

1.1.4 常见电气符号

在电气工程图中，各元件、设备、线路及其安装方法都是以图形符号、文字符号和项目符号的形式出现的。因此要绘制电气工程图，首先要了解这些符号的形式、内容和含义。

在电路设计中，常见电子器件的图形符号如表 1.3 所示。

表 1.3 常见电子器件的图形符号

图形符号	说明	图形符号	说明
	电阻器		电容器
	电位器		极性电容器
	可调电阻器		交叉连接导线
	直流电动机		开关

续表

图形符号	说明	图形符号	说明
	晶体管	—Ⓐ—	电流表
Ⓖ	直流发电机	—Ⓥ—	电压表
	二极管		铁心线圈
⊗	灯		磁心线圈
	接地	—‖—	蓄电池

任务 1.2 投影基础与三视图

1.2.1 投影法的基本知识

1. 投影法的概念

在日常生活中，当太阳光或灯光照射物体时，在地面或墙壁上会出现物体的影子，这就是一种投影现象。我们把光线称为投射线（或称为投影线），地面或墙壁称为投影面，影子称为物体在投影面上的投影，如图 1.4 所示。

2. 投影法的种类

1）中心投影法：投影中心距离投影面在有限远的地方，投影时投影线汇交于投影中心的投影法，如图 1.5 所示。

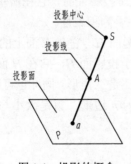

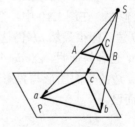

图 1.4 投影的概念   图 1.5 中心投影法

2）平行投影法：投影中心距离投影面在无限远的地方，投影时投影线相互平行的投影法。

① 斜投影法——投影线与投影面相倾斜的平行投影法，如图 1.6 所示。

② 正投影法——投影线与投影面相垂直的平行投影法，如图 1.7 所示。

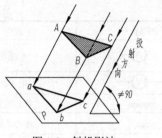

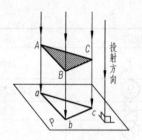

图1.6　斜投影法　　　　　　　　　　　　　图1.7　正投影法

3. 正投影的基本性质

1）全等性。在图1.8中，空间直线 AB 平行于投影面 H，作 A 和 B 两个端点在 H 面上的正投影 a 和 b（即过 A、B 向 H 作垂线，求其交点，用同名小写表达）。连接 ab 即得 AB 直线在 H 面上的正投影。由于 AB 平行于 H 面，即有 $Aa=Bb$，因而有 $Abba$ 为矩形，故得 $ab=AB$。同理可推出：当 $\triangle CDE$ 平行于 H 面时，它在 H 面上的正投影 $\triangle cde$ 全等于 $\triangle CDE$。

通过以上分析，我们得出结论：当空间直线或平面平行于投影面时，其在所平行的投影面上的投影反映直线的实长或平面的实形。我们称正投影的这种性质为全等性。

2）积聚性。在图1.9中，空间直线 AB 垂直于投影面 H，由于直线 AB 与投射线方向一致。作直线 AB 在 H 面上的正投影时，很容易得出直线 AB 在 H 面上的正投影重叠为一点 a（b）（由于 A 点比 B 点距 H 面远，B 点被 A 点遮住了，B 点为不可见。通常将不可见点的投影加括弧以示区别）。同理可推出，在图1.9中，由于 $\triangle CDE$ 垂直于 H 面，其在 H 面上的正投影为一条积聚的直线 cde。

通过以上分析，我们得出结论：当直线或平面垂直于投影面时，它在所垂直的投影面上的投影为一点或一条直线。我们称正投影的这种性质为积聚性。

3）类似性。在图1.10中，空间直线 AB 倾斜于投影面 H，它在 H 面上的正投影 ab 显然比 AB 短，但很显然 ab 仍是一直线。$\triangle CDE$ 倾斜于投影面 H，它在 H 面上的正投影为 $\triangle cde$。也容易证明，$\triangle cde$ 小于 $\triangle CDE$，但三角形还是三角形。同样也可以想象出，当空间为 n 边的平面图形与投影面倾斜时，其投影仍为 n 边形，只是大小与空间 n 边形不全等而已。

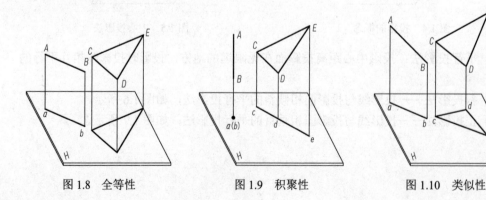

图1.8　全等性　　　　　　　　图1.9　积聚性　　　　　　　　图1.10　类似性

通过以上分析，我们得出结论：当空间直线或平面倾斜于投影面时，它在该投影面上的正投影仍为直线或与之类似的平面图形。其投影的长度变短或面积变小，这一性质为类似性。

1.2.2　三视图的形成

1. 三投影面体系

设立三个互相垂直的平面，称为三投影面，如图 1.11 所示。正对着我们的正立投影面称为正面，用 V 标记（也称 V 面）；水平位置的投影面称为水平面，用 H 标记（也称 H 面）；右边的侧立投影面称为侧面，用 W 标记（也称 W 面）。投影面与投影面的交线称为投影轴，分别以 OX、OY、OZ 标记。三根投影轴的交点 O 称为原点。

2. 物体在三投影面体系中的投影

如图 1.12 所示，将物体置于三投影面体系中，按正投影法分别向 V、H、W 三个投影面进行投影，即可得到物体的相应投影，该投影也称为视图。

将物体从前向后投射，在 V 面上所得的投影称为正面投影（也称主视图）；将物体从上向下投射，在 H 面上所得的投影称为水平投影（也称俯视图）；将物体从左向右投射，在 W 面上所得的投影称为侧面投影（也称左视图）。

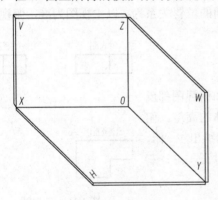

图 1.11　三投影面

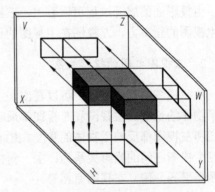

图 1.12　物体在三投影面体系中的投影

为了便于画图，需将三个互相垂直的投影面展开。展开规定如图 1.13 所示：V 面保持不动，H 面绕 OX 轴向下旋转 90°，W 面绕 OZ 轴向右旋转 90°，使 H、W 面与 V 面重合为一个平面。展开后，主视图、俯视图和左视图的相对位置，如图 1.14 所示。

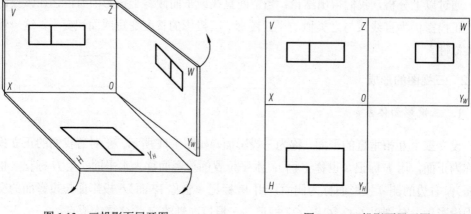

图 1.13　三投影面展开图　　　　　　图 1.14　三投影面展开图

这里要注意，当投影面展开时，OY 轴被分为两处，随 H 面旋转的用 Y_H 表示，随 W 面旋转的用 Y_W 表示。

为简化作图，在画三视图时，不必画出投影面的边框线和投影轴，如图 1.15 所示。

1.2.3　三视图之间的关系

1. 三视图的位置关系

由投影面的展开过程可以看出，三视图之间的位置关系为：以主视图为准，俯视图在主视图的正下方，左视图在主视图的正右方。

2. 三视图之间的投影关系

从三视图的形成过程中可以看出，主视图和俯视图都反映了物体的长度，主视图和左视图都反映了物体的高度，俯视图和左视图都反映了物体的宽度。由此可以归纳出主、俯、左三个视图之间的投影关系为：主、俯视图长对正，主、左视图高平齐，俯、左视图宽相等。

图 1.15　三视图

3. 视图与物体的方位关系

主视图反映了物体的上、下和左、右位置关系；
俯视图反映了物体的前、后和左、右位置关系；
左视图反映了物体的上、下和前、后位置关系。

项目 2　AutoCAD 2014 基本操作

任务 2.1　设置操作环境

2.1.1　熟悉操作界面

双击计算机桌面快捷图标 或在计算机上依次按路径选择"开始"→"所有程序"→"Autodesk"→"AutoCAD 2014 简体中文"（Simplified Chinese）命令，打开图 2.1 所示的 AutoCAD 2014 操作界面。

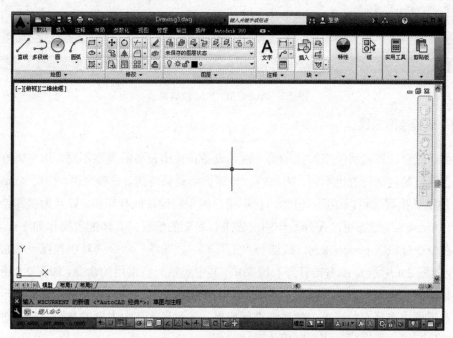

图 2.1　AutoCAD 2014 操作界面

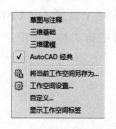

图 2.2　"工作空间"选择菜单

1）单击界面右下角的"切换工作空间"按钮 ，打开"工作空间"选择菜单，从中选择"AutoCAD 经典"命令，如图 2.2 所示，系统转换到 AutoCAD 经典界面，如图 2.3 所示。

2）该界面是 AutoCAD 显示、编辑图形的区域，一个完整的 AutoCAD 操作界面包括标题栏、菜单栏、工具栏、绘图区、十字光标、坐标系、命令窗格、状态栏、模型标签与布局标签、滚动条、快速访问工具栏和状态托盘等。

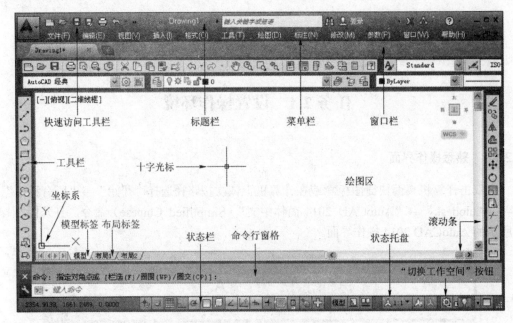

图 2.3   AutoCAD 2014 经典界面

2.1.2   配置绘图系统

由于每台计算机所使用的显示器、输入设备和输出设备的类型不同，用户喜好的风格及计算机的目录设置也不同，因此每台计算机都是独特的。一般来讲，使用 AutoCAD 2014 的默认配置就可以绘图，但为了使用用户的定点设备或打印机，以及为提高绘图的效率，AutoCAD 推荐用户在开始作图前先进行必要的配置。具体配置操作如下：

在命令行输入 preferences，或选择"工具"→"选项"命令（其中包括一些常用的命令，如图 2.4 所示），或右击打开右键菜单（其中包括一些常用的命令，如图 2.5 所示），选择其中的"选项"命令，执行上述操作后，系统自动打开"选项"对话框。用户可以在该对话框中选择有关选项，对系统进行配置。下面只就其中主要的几个选项卡进行说明，其他配置选项在后面用到时再作具体说明。

（1）系统配置

"选项"对话框中的"系统"选项卡如图 2.6 所示。该选项卡用来设置 AutoCAD 系统的有关特性。其中"常规选项"选项组确定是否选择系统配置的有关基本选项。

图 2.4　"工具"下拉菜单

图 2.5　"选项"右键菜单

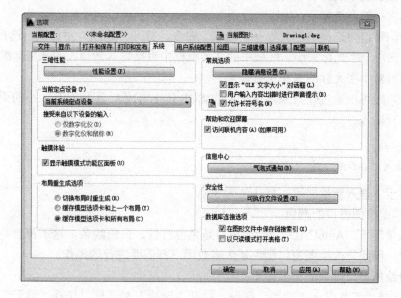

图 2.6　"系统"选项卡

（2）显示配置

"选项"对话框中的"显示"选项卡如图 2.7 所示，该选项卡控制 AutoCAD 窗口的外观。该选项卡设定屏幕菜单、屏幕颜色、光标大小、滚动条显示与否、AutoCAD 的版面布局设置、各实体的显示分辨率以及 AutoCAD 运行时的其他各项性能参数的设定等。其中部分设置如下：

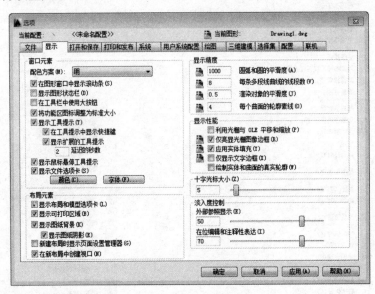

图 2.7   "显示"选项卡

1）修改图形窗口中十字光标的大小。

光标的长度系统预设为屏幕大小的 5%，用户可以根据绘图的实际需要更改其大小。改变光标大小的方法如下：

在绘图窗口中选择"工具"→"选项"命令，打开"选项"对话框，选择"显示"选项卡，在"十字光标大小"区域中的文本框框中直接输入数值，或者拖动编辑框后的滑块，即可对十字光标的大小进行调整。

此外，还可以通过设置系统变量 CURSORSIZE 的值，实现对其大小的更改，方法是在命令行输入：

命令:↙
输入 CURSORSIZE 的新值 <5>:

在提示下输入新值即可，默认值为 5%。

2）修改绘图窗口的颜色。

默认情况下，AutoCAD 的绘图窗口是黑色背景、白色线条，这不符合绝大多数用户的习惯，因此修改绘图窗口颜色是大多数用户都需要进行的操作。

修改绘图窗口颜色的步骤如下：

① 选择"工具"→"选项"命令，打开"选项"对话框，选择"显示"选项卡，单击"窗口元素"区域中的"颜色"按钮，将打开如图 2.8 所示的"图形窗口颜色"对

话框。

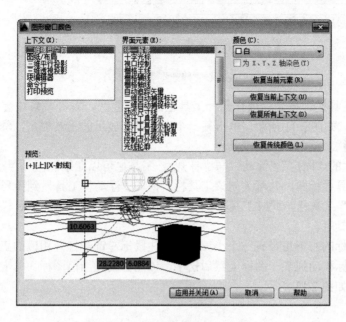

图 2.8　"图形窗口颜色"对话框

② 单击"图形窗口颜色"对话框中"颜色"下拉按钮，在打开的下拉列表中选择需要的窗口颜色，单击"应用并关闭"按钮，此时 AutoCAD 的绘图窗口变成了窗口背景色，通常按视觉习惯选择白色为窗口颜色。

　　在设置实体显示分辨率时，请务必记住，显示质量越高，即分辨率越高，计算机计算的时间越长，千万不要将其设置的太高。显示质量设定在一个合理的程度上是很重要的。

3）设置工具栏。

工具栏是一组图标型工具的集合，把光标移动到某个图标，稍停片刻即在该图标一侧显示相应的工具提示，同时在状态栏中，显示对应的说明和命令名。此时，单击图标也可以启动相应命令。默认情况下，可以见到绘图区顶部的"标准"工具栏、"样式"工具栏、"特性"工具栏以及"图层"工具栏（图 2.9）和位于绘图区左侧的"绘图"工具栏，右侧的"修改"工具栏和"绘图次序"工具栏（图 2.10）。

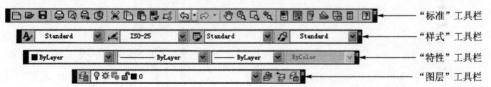

图 2.9　默认情况下的工具栏

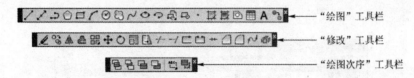

图2.10　"绘图""修改""绘图次序"工具栏

① 调出工具栏。将光标放在任一工具栏的非标题区，右击，系统会自动打开单独的工具栏标签，如图2.11所示。单击某一个未在界面显示的工具栏名，系统会自动在界面打开该工具栏。反之，关闭工具栏。

② 工具栏的"固定""浮动"与"打开"。工具栏可以在绘图区"浮动"（图2.12），此时显示该工具栏标题，并可关闭该工具栏。拖动"浮动"工具栏到图形区边界，可使其变为"固定"工具栏，此时工具栏标题隐藏。也可以把"固定"工具栏拖出，使它成为"浮动"工具栏。

在有些图标的右下角带有一个小三角，按住鼠标左键会打开相应的工具栏。按住鼠标左键，将光标移动到某一图标上然后松手，该图标就为当前图标。单击当前图标，执行相应命令，如图2.13所示。

图2.11　单独的工具栏标签

图2.12　"浮动"工具栏

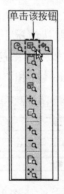

图2.13　"打开"工具栏

任务 2.2　管理文件

1. 新建文件

在命令行输入 NEW（或 QNEW），或者选择"文件"→"新建"命令，或者单击"标准"工具栏中的"新建"按钮，打开图 1-14 所示的"选择样板"对话框。选择一个样板文件（系统默认的是 acadiso.dwt 文件），系统立即从打开的对话框中的图形样板中创建新图形。如果选择的是默认的 acadiso.dwt 文件，打开的界面就如图 2.14 所示。

图 2.14　"选择样板"对话框

注　意

样板文件系统提供的是预设好各种参数或进行了初步标准绘制（如图框）的文件。
在"文件类型"下拉列表中有 3 种格式的图形样板，扩展名分别是.dwt、.dwg、.dws。
一般情况下，.dwt 文件是标准的样板文件，通常将一些规定的标准性的样板文件设成.dwt 文件；.dwg 文件是普通的样板文件；而.dws 文件是包含标准图层、标注样式、线型和文字样式的样板文件。

2. 保存文件

在命令行输入 QSAVE(或 SAVE)，或者选择"文件"→"保存"命令，或者单击"标准"工具栏中的"保存"按钮，若文件已命名，则 AutoCAD 自动保存；若文件未命名（即为默认名 drawing1.dwg），则打开"图形另存为"对话框（图 2.15），指定保存路径，输入一个文件名进行保存。在"保存于"下拉列表中可以指定保存文件的路径；在"文件类型"下拉列表中可以指定保存文件的类型。

图 2.15　"图形另存为"对话框

3. 打开文件

在命令行输入 OPEN，或者选择"文件"→"打开"命令，或者单击"标准"工具栏中的"打开"按钮，打开"选择文件"对话框（图 2.16），找到刚才保存的文件，单击"打开"按钮，系统打开该文件。

图 2.16　"选择文件"对话框

4. 另存文件

在命令行输入 SAVEAS，或者选择"文件"→"另存为"命令，打开图 2.17 所示的"图形另存为"对话框，将刚才打开的文件重命名，指定路径进行保存。

图 2.17　"图形另存为"对话框

5. 退出系统

在命令行输入 QUIT（或 EXIT），或者选择"文件"→"关闭"命令，或者单击 AutoCAD 操作界面右上角的"关闭"按钮 ，若用户对图形所做的修改尚未保存，则会出现图 2.18 所示的系统警告对话框。单击"是"按钮系统将保存文件，然后退出；单击"否"按钮系统将不保存文件。若用户对图形所做的修改已经保存，则直接退出。

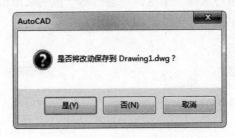

图 2.18　系统警告对话框

项目 3　绘制平面图形

任务 3.1　绘　制　点

点是构成图形最基本的元素之一。

1. 绘制点的方法

AutoCAD 2014 提供的绘制点的方法有以下几种。

图 3.1　【点】下拉列表

1）在【绘图】工具栏中单击【点】下拉列表，显示如图 3.1 所示的绘制点的按钮，可从中进行选择。

2）在命令行中输入 point 后按 Enter 键。

3）在菜单栏中选择【绘图】|【点】命令。

2. 绘制点的方式

绘制点的方式有以下几种。

* 单点：用户确定了点的位置后，绘图区出现一个点，如图 3.2（a）所示。

* 多点：用户可以同时画多个点，如图 3.2（b）所示。

* 定数等分画点：用户指定一个实体，当输入该实体被等分的数目后，AutoCAD 2014 会自动在相应的位置上画出点，如图 3.2（c）所示。

* 定距等分画点：用户选择一个实体，输入每一段的长度值后，AutoCAD 2014 会自动在相应的位置上画出点，如图 3.2（d）所示。

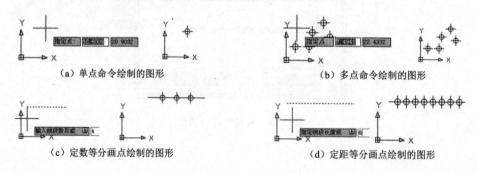

（a）单点命令绘制的图形　　　　　　　　（b）多点命令绘制的图形

（c）定数等分画点绘制的图形　　　　　　（d）定距等分画点绘制的图形

图 3.2　几种画点方式绘制的点

3. 设置点

在用户绘制点的过程中，可以改变点的形状和大小。

选择【格式】|【点样式】命令，打开如图 3.3 所示的【点样式】对话框。在此对话框中，可以先选取上面点的形状，然后选择【相对于屏幕设置大小】或【按绝对单位设置大小】单选按钮，最后在【点大小】文本框中输入所需的数字。当选择【相对于屏幕设置大小】单选按钮时，在【点大小】文本框中输入的是点的大小相对于屏幕大小的百分比的数值；当选择【按绝对单位设置大小】单选按钮时，在【点大小】文本框中输入的是像素点的绝对大小。

图 3.3　【点样式】对话框

任务 3.2　绘　制　线

AutoCAD 中常用的直线类型有直线、射线、构造线、多线。下面将分别介绍这几种线条的绘制。

1. 绘制直线

绘制直线的具体方法如下。

（1）调用绘制直线命令

调用绘制直线命令的方法有 3 种。

* 单击【绘图】工具栏中的【直线】按钮。
* 在命令行中输入 line 后按 Enter 键。
* 选择【绘图】|【直线】命令。

（2）绘制直线的方法

执行命令后，命令行将提示用户指定第一点的坐标值。命令行窗口提示如下。

命令：_line 指定第一点：

指定第一点后绘图区如图 3.4 所示。

输入第一点后，命令行将提示用户指定下一点的坐标值或放弃。命令行窗口提示如下。

指定下一点或 [放弃(U)]：

指定第二点后绘图区如图 3.5 所示。

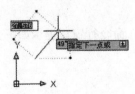

图 3.4　指定第一点后绘图区所显示的图形

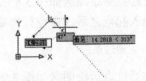

图 3.5　指定第二点后绘图区所显示的图形

输入第二点后，命令行将提示用户再次指定下一点的坐标值或放弃。命令行窗口提示如下。

指定下一点或 [放弃(U)]:

指定第三点后绘图区如图 3.6 所示。

完成以上操作后，命令行将提示用户指定下一点或闭合/放弃，在此输入 c，按 Enter 键。命令行窗口提示如下。

指定下一点或 [闭合(C)/放弃(U)]: c

所绘制的图形如图 3.7 所示。

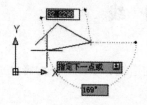
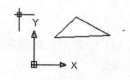

图 3.6　指定第三点后绘图区所显示的图形　　　图 3.7　用 line 命令绘制的直线

其中的命令提示如下。

【放弃】：取消最后绘制的直线。

【闭合】：由当前点和起始点生成的封闭线。

2．绘制射线

射线是一种单向无限延伸的直线，在机械图形绘制中它常用作绘图辅助线来确定一些特殊点或边界。

（1）调用绘制射线命令

调用绘制射线命令的方法如下。

* 在命令行中输入 ray 后按 Enter 键。

* 选择【绘图】|【射线】命令。

（2）绘制射线的方法

选择【射线】命令后，命令行将提示用户指定起点，输入射线的起点坐标值。命令行窗口提示如下。

命令: _ray 指定起点:

指定起点后绘图区如图 3.8 所示。

在输入起点之后，命令行将提示用户指定通过点。命令行窗口提示如下。

指定通过点:

指定通过点后绘图区如图 3.9 所示。

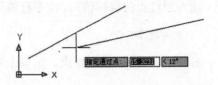

图 3.8　指定起点后绘图区所显示的图形　　图 3.9　指定通过点后绘图区所显示的图形

在 ray 命令下，AutoCAD 默认用户会画第二条射线，在此为演示用只画一条射线后右击或按 Enter 键后结束。图 3.10 所示即为用 ray 命令绘制的图形。可以看出，射线从起点沿射线方向一直延伸到无限远处。

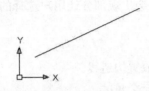

图 3.10　用 ray 命令绘制的射线

3. 绘制构造线

构造线是一种双向无限延伸的直线，在机械图形绘制中它也常用作绘图辅助线，来确定一些特殊点或边界。

（1）调用绘制构造线命令

调用绘制构造线命令的方法如下。

* 单击【绘图】工具栏中的【构造线】按钮。

* 在命令行中输入 xline 后按 Enter 键。

* 选择【绘图】|【构造线】命令。

（2）绘制构造线的方法

选择【构造线】命令后，命令行将提示用户指定点或[水平(H)/垂直(V)/角度(A)/二等分(B)/偏移(O)]。命令行窗口提示如下。

命令：_xline 指定点或 [水平(H)/垂直(V)/角度(A)/二等分(B)/偏移(O)]:

指定点后绘图区如图 3.11 所示。

输入第一点的坐标值后，命令行将提示用户指定通过点。命令行窗口提示如下。

指定通过点：

指定通过点后绘图区如图 3.12 所示。

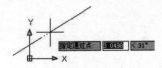

图 3.11　指定点后绘图区所显示的图形　　图 3.12　指定通过点后绘图区所显示的图形

输入通过点的坐标值后，命令行将再次提示用户指定通过点。命令行窗口提示如下。

    指定通过点：

右击或按 Enter 键后结束。由以上命令绘制的图形如图 3.13 所示。

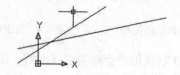

图 3.13　用 xline 命令绘制的构造线

在执行【构造线】命令时，会出现部分让用户选择的命令。下面讲解一下命令提示。

【水平】：放置水平构造线。

【垂直】：放置垂直构造线。

【角度】：在某一个角度上放置构造线。

【二等分】：用构造线平分一个角度。

【偏移】：放置平行于另一个对象的构造线。

任务 3.3　绘制圆、圆弧、椭圆

1. 绘制圆

圆是构成图形的基本元素之一。调用绘制圆命令的方法如下。

* 单击【绘图】工具栏中的【圆】按钮。

* 在命令行中输入 circle 后按 Enter 键。

* 选择【绘图】|【圆】命令。

绘制圆的方法有多种，下面来分别介绍。

（1）圆心和半径画圆(AutoCAD 默认的画圆方式)

选择命令后，命令行将提示用户指定圆的圆心或 [三点(3P)/两点（2P)/相切、相切、半径(T)]。命令行窗口提示如下。

    命令：_circle 指定圆的圆心或 [三点(3P)/两点（2P)/相切、相切、半径(T)]：

指定圆的圆心后绘图区如图 3.14 所示。

输入圆心坐标值后，命令行将提示用户指定圆的半径或 [直径(D)]。命令行窗口提示如下。

    指定圆的半径或 [直径(D)]：

绘制的图形如图 3.15 所示。

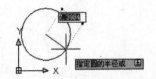

图 3.14　指定圆的圆心后绘图区所显示的图形　　　　图 3.15　用圆心、半径命令绘制的圆

在执行【圆】命令时，会出现部分让用户选择的命令。下面介绍命令提示。

【圆心】：基于圆心和直径(或半径)绘制圆。

【三点】：指定圆周上的 3 点绘制圆。

【两点】：指定直径的两点绘制圆。

【相切、相切、半径】：根据与两个对象相切的指定半径绘制圆。

（2）圆心、直径画圆

选择命令后，命令行将提示用户指定圆的圆心或 [三点(3P)/两点（2P)/相切、相切、半径(T)]。命令行窗口提示如下。

命令：_circle 指定圆的圆心或 [三点(3P)/两点（2P)/相切、相切、半径(T)]：

指定圆的圆心后绘图区如图 3.16 所示。

输入圆心坐标值后，命令行将提示用户指定圆的半径或 [直径(D)] <100.0000>：_d 指定圆的直径 <200.0000>。命令行窗口提示如下。

指定圆的半径或 [直径(D)] <100.0000>：_d 指定圆的直径 <200.0000>：160

绘制的图形如图 3.17 所示。

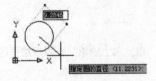

图 3.16　指定圆的圆心后绘图区所显示的图形　　　　图 3.17　用圆心、直径命令绘制的圆

（3）两点画圆

选择命令后，命令行将提示用户指定圆的圆心或 [三点(3P)/两点（2P)/相切、相切、半径(T)]：_2p 指定圆直径的第一个端点。命令行窗口提示如下。

命令：_circle 指定圆的圆心或 [三点(3P)/两点（2P)/相切、相切、半径(T)]：_2p 指定圆直径的第一个端点：

指定圆直径的第一个端点后绘图区如图 3.18 所示。

输入第一个端点的数值后，命令行将提示用户指定圆直径的第二个端点(在此 AutoCAD 默认为首末两点的距离为直径)。命令行窗口提示如下。

指定圆直径的第二个端点：

绘制的图形如图 3.19 所示。

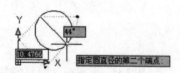

图 3.18　指定圆直径的第一个端点后绘图区所显示的图形　　　图 3.19　用两点命令绘制的圆

（4）三点画圆

选择命令后，命令行将提示用户指定圆的圆心或 [三点(3P)/两点（2P)/相切、相切、半径(T)]: _3p 指定圆上的第一个点。命令行窗口提示如下。

命令: _circle 指定圆的圆心或 [三点(3P)/两点（2P)/相切、相切、半径(T)]: _3p 指定圆上的第一个点:

指定圆上的第一个点后绘图区如图 3.20 所示。

指定第一个点的坐标值后，命令行将提示用户指定圆上的第二个点。命令行窗口提示如下。

指定圆上的第二个点:

指定圆上的第二个点后绘图区如图 3.21 所示:

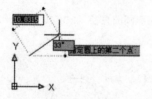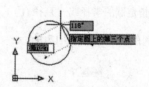

图 3.20　指定圆上的第一个点后绘图区所显示的　　图 3.21　指定圆上的第二个点后绘图区所显示的
　　　　　　图形　　　　　　　　　　　　　　　　　　　　　图形

指定第二个点的坐标值后，命令行将提示用户指定圆上的第三个点。命令行窗口提示如下。

指定圆上的第三个点:

绘制的图形如图 3.22 所示。

（5）两个相切、半径

选择命令后，命令行将提示用户指定圆的圆心或 [三点(3P)/两点（2P)/相切、相切、半径(T)]。命令行窗口提示如下。

命令: _circle 指定圆的圆心或 [三点(3P)/两点（2P)/相切、相切、半径(T)]: t

选取与之相切的实体。命令行将提示用户指定对象与圆的第一个切点，指定对象与圆的第二个切点。命令行窗口提示如下。

指定对象与圆的第一个切点：

指定第一个切点时绘图区如图 3.23 所示。

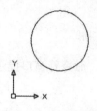 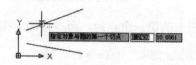

图 3.22　用三点命令绘制的圆　　　　　图 3.23　指定第一个切点时绘图区所显示的图形

指定对象与圆的第一个切点后，命令行提示指定对象与圆的第二个切点。命令行窗口提示如下。

指定对象与圆的第二个切点：

指定第二个切点时绘图区如图 3.24 所示。

指定两个切点后，命令行将提示用户指定圆的半径。此时输入 100，命令行窗口提示如下。

指定圆的半径 <119.1384>：　指定第二点：

指定圆的半径和第二点时绘图区如图 3.25 所示。

图 3.24　指定第二个切点时绘图区所显示的图形　　图 3.25　指定圆的半径和第二点时绘图区所显示
　　　　　　　　　　　　　　　　　　　　　　　　的图形

绘制的图形如图 3.26 所示。

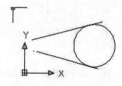

图 3.26　用两个相切、半径命令绘制的圆

（6）三个相切

选择命令后，选取与之相切的实体，命令行窗口提示如下。

命令：_circle 指定圆的圆心或 [三点(3P)/两点(2P)/相切、相切、半径(T)]：_3p 指定圆上的第一个点：_tan 到

指定圆上的第一个点时绘图区如图 3.27 所示。

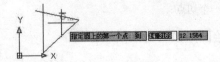

图 3.27　指定圆上的第一个点时绘图区所显示的图形

指定圆上的第一个点后，命令行提示指定圆上的第二个点。命令行窗口提示如下。

　　指定圆上的第二个点：_tan 到

指定圆上的第二个点时绘图区如图 3.28 所示。

图 3.28　指定圆上的第二个点时绘图区所显示的图形

指定圆上的第二个点后，命令行提示指定圆上的第三个点。命令行窗口提示如下。

　　指定圆上的第三个点：_tan 到

指定圆上的第三个点时绘图区如图 3.29 所示。

图 3.29　指定圆上的第三个点时绘图区所显示的图形

绘制的图形如图 3.30 所示。

图 3.30　用三个相切命令绘制的圆

2. 绘制圆弧

调用绘制圆弧命令的方法如下。
* 单击【绘图】工具栏中的【圆弧】按钮。
* 在命令行中输入 arc 后按 Enter 键。
* 选择【绘图】|【圆弧】命令。
绘制圆弧的方法有多种，下面将分别介绍。

（1）三点画弧

AutoCAD 提示用户输入起点、第二点和端点，顺时针或逆时针绘制圆弧，绘图区显示的图形如图 3.31（a）～（c）所示。用此命令绘制的图形如图 3.32 所示。

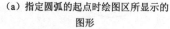
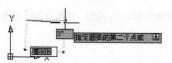
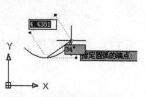

（a）指定圆弧的起点时绘图区所显示的　（b）指定圆弧的第二个点时绘图区所显　（c）指定圆弧的端点时绘图区所显
　　　　图形　　　　　　　　　　　　　　示的图形　　　　　　　　　　　　　示的图形

图 3.31　三点画弧的绘制步骤

图 3.32　用三点画弧命令绘制的圆弧

（2）起点、圆心、端点

AutoCAD 提示用户输入起点、圆心、端点，绘图区显示的图形如图 3.33～图 3.35 所示。在给出圆弧的起点和圆心后，弧的半径就确定了，端点只是决定弧长，因此，圆弧不一定通过终点。用此命令绘制的圆弧如图 3.36 所示。

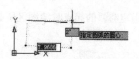

图 3.33　指定圆弧的起点时绘图区所显示的图形　　图 3.34　指定圆弧的圆心时绘图区所显示的图形

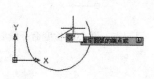

图 3.35　指定圆弧的端点时绘图区所显示的图形　　图 3.36　用起点、圆心、端点命令绘制的圆弧

（3）起点、圆心、角度

AutoCAD 提示用户输入起点、圆心、角度(此处的角度为包含角，即为圆弧的中心到两个端点的两条射线之间的夹角，如夹角为正值，按顺时针方向画弧；如为负值，则按逆时针方向画弧)，绘图区显示的图形如图 3.37～图 3.39 所示。用此命令绘制的圆弧如图 3.40 所示。

图 3.37　指定圆弧的起点时绘图区所显示的图形　　图 3.38　指定圆弧的圆心时绘图区所显示的图形

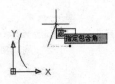
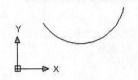

图 3.39　指定包含角时绘图区所显示的图形　　　图 3.40　用起点、圆心、角度命令绘制的圆弧

（4）起点、圆心、长度

AutoCAD 提示用户输入起点、圆心、弦长，绘图区显示的图形如图 3.41～图 3.43 所示。当逆时针画弧时，如果弦长为正值，则绘制的是与给定弦长相对应的最小圆弧，如果弦长为负值，则绘制的是与给定弦长相对应的最大圆弧；顺时针画弧则正好相反。用此命令绘制的图形如图 3.44 所示。

图 3.41　指定圆弧的起点时绘图区所显示的图形　　图 3.42　指定圆弧的圆心时绘图区所显示的图形

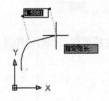

图 3.43　指定弦长时绘图区所显示的图形　　　图 3.44　用起点、圆心、长度命令绘制的圆弧

（5）起点、端点、角度

AutoCAD 提示用户输入起点、端点、角度(此角度也为包含角)，绘图区显示的图形如图 3.45～图 3.47 所示。当角度为正值时，按逆时针画弧，否则按顺时针画弧。用此命令绘制的图形如图 3.48 所示。

图 3.45　指定圆弧的起点时绘图区所显示的图形　　图 3.46　指定圆弧的端点时绘图区所显示的图形

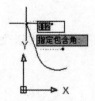

图 3.47　指定包含角时绘图区所显示的图形　　图 3.48　用起点、端点、角度命令绘制的圆弧

（6）起点、端点、方向

AutoCAD 提示用户输入起点、端点、方向（所谓方向，指的是圆弧的起点切线方向，以度数来表示），绘图区显示的图形如图 3.49～图 3.51 所示。用此命令绘制的图形如图 3.52 所示。

图 3.49　指定圆弧的起点时绘图区所显示的图形　　图 3.50　指定圆弧的端点时绘图区所显示的图形

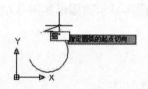 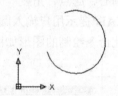

图 3.51　指定圆弧的起点切向时绘图区所显示的图形　　图 3.52　用起点、端点、方向命令绘制的圆弧

（7）起点、端点、半径

AutoCAD 提示用户输入起点、端点、半径，绘图区显示的图形如图 3.53～图 3.55 所示。用此命令绘制的图形如图 3.56 所示。

 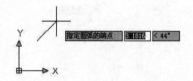

图 3.53　指定圆弧的起点时绘图区所显示的图形　　图 3.54　指定圆弧的端点时绘图区所显示的图形

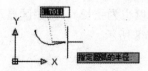

图 3.55　指定圆弧的半径时绘图区所显示的图形　　图 3.56　用起点、端点、半径命令绘制的圆弧

（8）圆心、起点、端点

AutoCAD 提示用户输入圆心、起点、端点，绘图区显示的图形如图 3.57～图 3.59 所示。用此命令绘制的图形如图 3.60 所示。

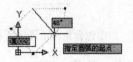

图 3.57　指定圆弧的圆心时绘图区所显示的图形　图 3.58　指定圆弧的起点时绘图区所显示的图形

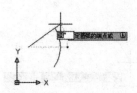

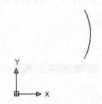

图 3.59　指定圆弧的端点时绘图区所显示的图形　图 3.60　用圆心、起点、端点命令绘制的圆弧

（9）圆心、起点、角度

AutoCAD 提示用户输入圆心、起点、角度，绘图区显示的图形如图 3.61～图 3.63 所示。用此命令绘制的图形如图 3.64 所示。

图 3.61　指定圆弧的圆心时绘图区所显示的图形　图 3.62　指定圆弧的起点时绘图区所显示的图形

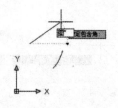

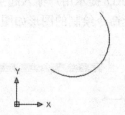

图 3.63　指定包含角时绘图区所显示的图形　图 3.64　用圆心、起点、角度命令绘制的圆弧

（10）圆心、起点、长度

AutoCAD 提示用户输入圆心、起点、长度（此长度也为弦长），绘图区显示的图形如图 3.65～图 3.67 所示。用此命令绘制的图形如图 3.68 所示。

（11）继续

在继续方式下，用户可以从以前绘制的圆弧的终点开始继续下一段圆弧。在此方式下画弧时，每段圆弧都与以前的圆弧相切。以前圆弧或直线的终点和方向就是此圆弧的起点和方向。

图 3.65　指定圆弧的圆心时绘图区所显示的图形　　图 3.66　指定圆弧的起点时绘图区所显示的图形

图 3.67　指定弦长时绘图区所显示的图形　　图 3.68　用圆心、起点、长度命令绘制的圆弧

3. 绘制圆环

圆环是经过实体填充的环，要绘制圆环，需要指定圆环的内外直径和圆心。

调用绘制圆环命令的方法如下。

* 单击【绘图】面板中的【圆环】按钮。
* 在命令行中输入 donut 后按 Enter 键。
* 选择【绘图】|【圆环】命令。

绘制圆环的步骤如下。

选择命令后，命令行将提示用户指定圆环的内径。命令行窗口提示如下。

```
命令: _donut
    指定圆环的内径 <50.0000>:
```

指定圆环的内径时，绘图区显示的图形如图 3.69 所示。

指定圆环的内径后，命令行将提示用户指定圆环的外径。命令行窗口提示如下。

```
    指定圆环的外径 <60.0000>:
```

指定圆环的外径时，绘图区显示的图形如图 3.70 所示。

图 3.69　指定圆环的内径时绘图区所显示的图形　　图 3.70　指定圆环的外径时绘图区所显示的图形

指定圆环的外径后，命令行将提示用户指定圆环的中心点或<退出>。命令行窗口提示如下。

```
    指定圆环的中心点或 <退出>:
```

指定圆环的中心点时，绘图区显示的图形如图 3.71 所示。绘制的图形如图 3.72 所示。

图 3.71　指定圆环的中心点绘图区所显示的图形　　　　图 3.72　用 donut 命令绘制的圆环

任务 3.4　绘制矩形、正多边形

1.　绘制矩形

绘制矩形时，需要指定矩形的两个对角点。

（1）调用绘制矩形命令的方法

* 单击【绘图】工具栏中的【矩形】按钮。

* 在命令行中输入 rectang 后按 Enter 键。

* 选择【绘图】|【矩形】命令。

（2）绘制矩形的步骤

选择【矩形】命令后，命令行将提示用户指定第一个角点或 [倒角(C)/标高(E)/圆角(F)/厚度(T)/宽度(W)]。命令行窗口提示如下。

```
命令：_rectang
指定第一个角点或 [倒角(C)/标高(E)/圆角(F)/厚度(T)/宽度(W)]:
```

指定第一个角点后绘图区显示的图形如图 3.73 所示。

输入第一个角点值后，命令行将提示用户指定另一个角点或 [面积(A)/尺寸(D)/旋转(R)]。命令行窗口提示如下。

```
指定另一个角点或 [面积(A)/尺寸(D)/旋转(R)]:
```

绘制的图形如图 3.74 所示。

图 3.73　指定第一个角点后绘图区所显示的图形　　　　图 3.74　用 rectang 命令绘制的矩形

2. 绘制正多边形

正多边形是指有 3～1024 条等长边的闭合多段线,创建正多边形是绘制等边三角形、正方形、正六边形等的简便快速方法。

(1) 调用绘制正多边形命令的方法

* 单击【绘图】工具栏中的【正多边形】按钮。

* 在命令行中输入 polygon 后按 Enter 键。

* 选择【绘图】|【正多边形】命令。

(2) 绘制正多边形的步骤

选择【正多边形】命令后,命令行将提示用户输入边的数目。命令行窗口提示如下。

命令: _polygon 输入边的数目 <4>: 8

此时绘图区显示的图形如图 3.75 所示。

输入数目后,命令行将提示用户指定正多边形的中心点或[边(E)]。命令行窗口提示如下。

指定正多边形的中心点或 [边(E)]:

指定正多边形的中心点后绘图区显示的图形如图 3.76 所示。

图 3.75 输入边的数目后绘图区所显示的图形   图 3.76 指定正多边形的中心点后绘图区所显示的图形

输入数值后,命令行将提示用户输入选项 [内接于圆(I)/外切于圆(C)] <I>。命令行窗口提示如下。

输入选项 [内接于圆(I)/外切于圆(C)] <I>: i

选择内接于圆(I)后绘图区如图 3.77 所示。

选择内接于圆(I)后,命令行将提示用户指定圆的半径。命令行窗口提示如下。

指定圆的半径:

绘制的图形如图 3.78 所示。

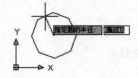

图 3.77 选择内接于圆(I)后绘图区所显示的图形   图 3.78 用 polygon 命令绘制的正多边形

在执行【正多边形】命令时，会出现部分让用户选择的命令。下面介绍命令提示。

【内接于圆】：指定外接圆的半径，正多边形的所有顶点都在此圆周上。

【外切于圆】：指定内切圆的半径，正多边形与此圆相切。

任务3.5　绘制电路符号

1. 绘制固定电阻

1）打开 AutoCAD 2014，新建一个二维图纸。

2）选择【工具】|【工具栏】|AutoCAD|【绘图】和【修改】命令，调出【绘图】和【修改】工具栏，如图3.79所示，可方便绘图。

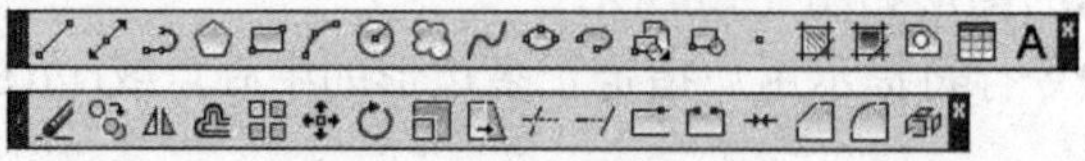

图 3.79　【绘图】和【修改】工具栏

3）单击【绘图】工具栏中的【矩形】按钮，在绘图区单击选择第一个角点，如图3.80所示。

4）输入 d，如图3.81所示，按 Enter 键；接着输入矩形长度 10mm(本书后面涉及单位均为 mm，如无特别说明，均不标出)，按 Enter 键确认，如图3.82所示；继续输入矩形宽度 3，按 Enter 键确认，如图3.83所示。

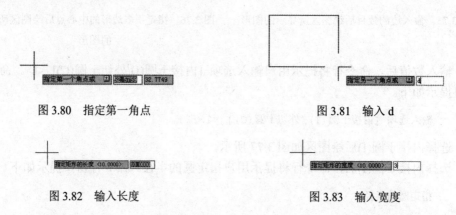

图 3.80　指定第一角点　　　　　　　　图 3.81　输入 d

图 3.82　输入长度　　　　　　　　　　图 3.83　输入宽度

5）再确定矩形的方向，如设置为横放，如图3.84所示，单击即可放置。

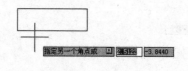

图 3.84　放置方向

6）完成的矩形如图 3.85 所示。命令行提示如下。

```
命令：_rectang
//使用矩形命令
指定第一个角点或 [倒角(C)/标高(E)/圆角(F)/厚度(T)/宽度(W)]：
//指定角点、长度和宽度
指定另一个角点或 [面积(A)/尺寸(D)/旋转(R)]：d
指定矩形的长度 <10.0000>：
指定矩形的宽度 <10.0000>：3
指定另一个角点或 [面积(A)/尺寸(D)/旋转(R)]：
```

7）单击【绘图】工具栏中的【直线】按钮，移动光标到矩形左边的中点，如果没有出现如图 3.86 所示的三角形，可以单击状态栏中的【对象捕捉】按钮，打开捕捉功能。

图 3.85　绘制的矩形　　　　　　　　　图 3.86　确定直线端点

8）单击状态栏中的【正交模式】按钮，打开正交模式。向左移动光标，输入距离 5，按 Enter 键确认，如图 3.87 所示。此时，命令行提示如下。

```
命令：_line 指定第一点：  <对象捕捉 关>  <对象捕捉 开>        //使用直线命令
指定下一点或 [放弃(U)]：<正交 开> 5                          //指定长度
指定下一点或 [放弃(U)]：*取消*                               //取消命令
```

9）使用同样的方法绘制另一边的线条，如图 3.88 所示。此时，命令行提示如下。

```
命令：_line 指定第一点：  <对象捕捉 关>  <对象捕捉 开>        //使用直线命令
指定下一点或 [放弃(U)]：<正交 开> 5                          //指定长度
指定下一点或 [放弃(U)]：*取消*                               //取消命令
```

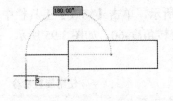　　　　　　　　　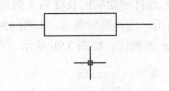

图 3.87　确定长度　　　　　　　　　图 3.88　绘制的电阻

2. 绘制 NPN 型晶体管

1）绘制晶体管可以在同一图纸上进行。单击【绘图】工具栏中的【直线】按钮，绘制一条长度为 5 的直线，如图 3.89 所示。命令行提示如下。

```
命令： _line 指定第一点：                      //使用直线命令
指定下一点或 [放弃(U)]： 5                     //指定长度
指定下一点或 [放弃(U)]： *取消*               //取消命令
```

2）单击【绘图】工具栏中的【直线】按钮，绘制一条长度为 1.5 的直线，如图 3.90 所示。命令行提示如下。

```
命令： _line 指定第一点：                      //使用直线命令
指定下一点或 [放弃(U)]： 1.5                   //指定长度
指定下一点或 [放弃(U)]： *取消*               //取消命令
```

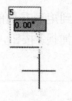

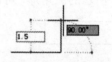

图 3.89　绘制第一段直线　　　　　　图 3.90　绘制第二段直线

3）单击【绘图】工具栏中的【直线】按钮，绘制一条长度为 4 的直线，如图 3.91 和图 3.92 所示。命令行提示如下。

```
命令： _line 指定第一点：                      //使用直线命令
指定下一点或 [放弃(U)]： 4                     //指定长度
指定下一点或 [放弃(U)]： *取消*               //取消命令
```

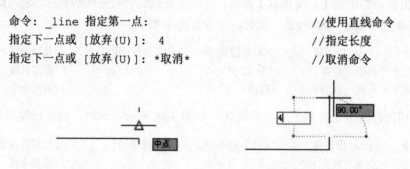

图 3.91　确定端点　　　　　　　　图 3.92　绘制直线

4）选择刚绘制的长度为 4 的直线，如图 3.93 所示。单击【修改】工具栏中的【旋转】按钮，选择旋转基点，如图 3.94 所示，输入旋转角度-60，如图 3.95 所示。最后，按 Enter 键确认，如图 3.96 所示。命令行提示如下。

```
命令： _rotate                                //使用旋转命令
UCS 当前的正角方向： ANGDIR=逆时针  ANGBASE=0.00
找到 1 个
指定基点：                                    //指定基点
指定旋转角度，或 [复制(C)/参照(R)] <0.00>： -60    //输入角度
```

5）单击【绘图】工具栏中的【直线】按钮，绘制一条长度为 4 的直线，如图 3.97 所示。命令行提示如下。

```
命令： _line 指定第一点：                      //使用直线命令
```

指定下一点或 [放弃(U)]: 4   //指定长度
指定下一点或 [放弃(U)]: *取消*   //取消命令

6）选择两条要镜像的直线，如图 3.98 所示；单击【修改】工具栏中的【镜像】按钮，选择镜像点，如图 3.99 所示；指定镜像方向，如图 3.100 所示，按 Enter 键确认。命令行提示如下。

命令: _mirror 找到 2 个   //使用镜像命令
指定镜像线的第一点：指定镜像线的第二点：   //指定镜像点
要删除源对象吗？[是(Y)/否(N)] <N>:

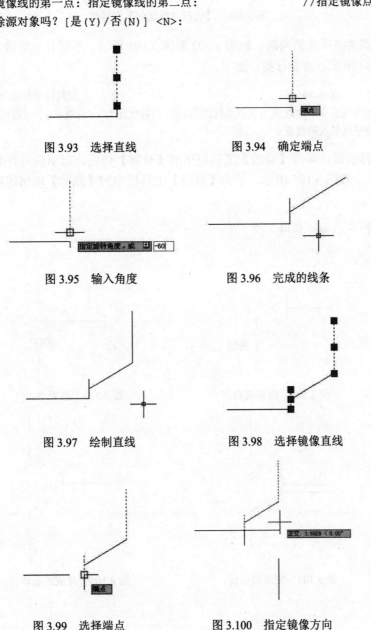

图 3.93   选择直线   图 3.94   确定端点

图 3.95   输入角度   图 3.96   完成的线条

图 3.97   绘制直线   图 3.98   选择镜像直线

图 3.99   选择端点   图 3.100   指定镜像方向

7）单击【常用】选项卡的【注释】面板中的【多重引线】按钮，弹出【选择注释比例】对话框，如图 3.101 所示。确定合适的比例后单击【确定】按钮。

图 3.101   【选择注释比例】对话框

8）分别选择引线的两端，如图 3.102 和图 3.103 所示。不进行文字输入，完成的引线如图 3.104 所示。命令行提示如下。

命令：_mleader   //使用引线命令
指定引线箭头的位置或 [引线基线优先(L)/内容优先(C)/选项(O)] <选项>:
指定引线基线的位置:

9）选择引线，单击【修改】工具栏中的【分解】按钮，对引线进行分解。选择要删除的部分，如图 3.105 所示，单击【修改】工具栏中的【删除】按钮进行删除。命令行提示如下。

命令：_erase 找到 1 个

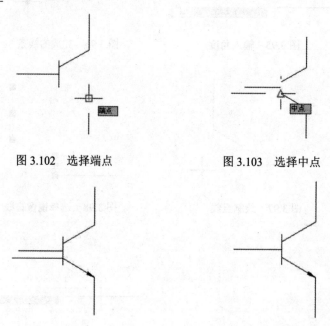

图 3.102   选择端点   图 3.103   选择中点

图 3.104   完成的引线   图 3.105   完成的晶体管

3. 绘制互感线圈

1）单击【绘图】工具栏中的【直线】按钮，绘制一条长度为 5 的直线，如图 3.106 所示。命令行提示如下。

```
命令: _line 指定第一点:                          //使用直线命令
指定下一点或 [放弃(U)]: 5                        //指定长度
指定下一点或 [放弃(U)]: *取消*                    //取消命令
```

2）单击【绘图】工具栏中的【圆弧】按钮，选择端点，如图 3.107 所示；输入 c，按 Enter 键确认，如图 3.108 所示；选择中点，输入半径为 2，如图 3.109 所示；最后确定圆弧长度，如图 3.110 所示。命令行提示如下。

```
命令: _arc 指定圆弧的起点或 [圆心(C)]:             //使用圆弧命令
指定圆弧的第二个点或 [圆心(C)/端点(E)]: c          //输入 c，确定圆心
指定圆弧的圆心: 2                                //输入半径
指定圆弧的端点或 [角度(A)/弦长(L)]:
```

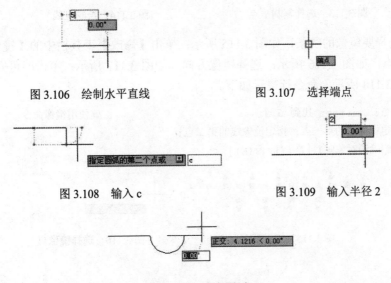

图 3.106　绘制水平直线　　　　　　　　图 3.107　选择端点

图 3.108　输入 c　　　　　　　　　　　图 3.109　输入半径 2

图 3.110　确定圆弧

3）选择圆弧，如图 3.111 所示；单击【修改】工具栏中的【复制】按钮，选择起点，如图 3.112 所示。依次单击复制的位置，如图 3.113 所示，复制三个后取消命令。命令行提示如下。

```
命令: _copy 找到 1 个                            //使用复制命令
当前设置: 复制模式 = 多个
指定基点或 [位移(D)/模式(O)] <位移>: 指定第二个点或 <使用第一个点作为位移>:
//指定基点和端点
指定第二个点或 [退出(E)/放弃(U)] <退出>:
指定第二个点或 [退出(E)/放弃(U)] <退出>:
```

指定第二个点或 [退出(E)/放弃(U)] <退出>： *取消*

4）单击【绘图】工具栏中的【直线】按钮，绘制一条长度为 5 的直线，如图 3.114 所示。命令行提示如下。

```
命令：_line 指定第一点：                    //使用直线命令
指定下一点或 [放弃(U)]： 5                  //指定长度
指定下一点或 [放弃(U)]： *取消*              //取消命令
```

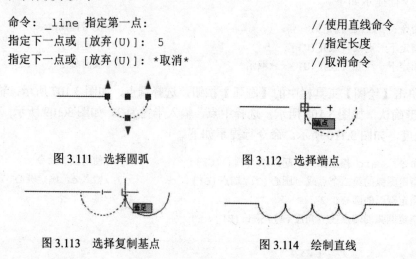

图 3.111　选择圆弧　　　　　　　图 3.112　选择端点

图 3.113　选择复制基点　　　　　图 3.114　绘制直线

5）选择要镜像的线条，如图 3.115 所示；单击【修改】工具栏中的【镜像】按钮，选择镜像点，如图 3.116 所示；选择镜像方向，如图 3.117 所示；单击即可完成镜像，效果如图 3.118 所示。命令行提示如下。

```
命令：_mirror 找到 6 个                     //使用镜像命令
指定镜像线的第一点：指定镜像线的第二点：
要删除源对象吗？[是(Y)/否(N)] <N>：
```

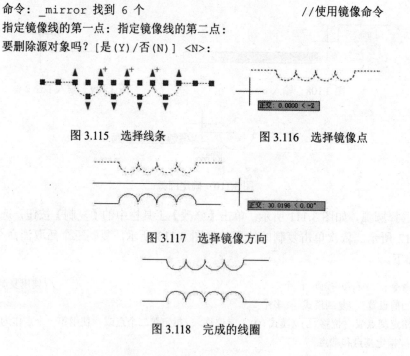

图 3.115　选择线条　　　　　　　图 3.116　选择镜像点

图 3.117　选择镜像方向

图 3.118　完成的线圈

项目4 二维图形编辑

任务 4.1 选 择 对 象

使用 AutoCAD 绘图，进行任何一项编辑操作都需要先指定具体的对象及选中该对象，这样所进行的编辑操作才会有效。在 AutoCAD 中，选择对象的方法有很多，一般分为两种：直接拾取法和窗口选择法。

4.1.1 直接拾取法

直接拾取法是最常用的选取方法，也是默认的对象选择方法。选择对象时，单击绘图区对象即可选中，被选中的对象会虚线显示。如果要选取多个对象，只需逐个选择这些对象即可，如图 4.1 所示。

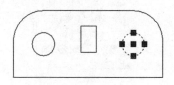

图 4.1 选择部件

4.1.2 窗口选择法

窗口选择是一种确定选取图形对象范围的选取方法。当需要选择的对象较多时，可以使用该选择方式。这种选择方式与 Windows 的窗口选择类似。

1）单击并将十字光标沿右下方拖动，将所选的图形框在一个矩形框内。再次单击，形成选择框，这时所有出现在矩形框内的对象都将被选取，位于窗口外及与窗口边界相交的对象则不会被选中，如图 4.2 所示。

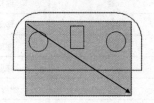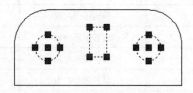

图 4.2 选择方向及选中部件(一)

2）另外一种选择方式正好方向相反，光标移动从右下角开始往左上角移动，形成选择框，此时只要与交叉窗口相交或者被交叉窗口包容的对象，都将被选中，如图 4.3 所示。

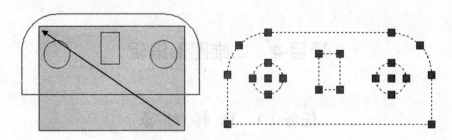

图 4.3　选择方向及选中部件(二)

任务 4.2　删除、恢复及清除

AutoCAD 2014 编辑工具包含删除、复制、镜像、偏移、阵列、移动、旋转、比例、拉伸、修剪、延伸、拉断于点、打断、合并、倒角、圆角、分解等命令。编辑图形对象的【修改】面板如图 4.4 所示。

图 4.4　【修改】面板

面板中的基本编辑命令功能说明如表 4.1 所示。本节将详细介绍较为常用的几种基本编辑命令。

表 4.1　编辑图形的图标及其功能

图　标	功能说明	图　标	功能说明
	删除图形对象		复制图形对象
	镜像图形对象		偏移图形对象
	阵列图形对象		移动图形对象
	旋转图形对象		缩放图形对象
	拉伸图形对象		修剪图形对象
	延伸图形对象		在图形对象某点打断
	删除打断某图形对象		合并图形对象
	对某图形对象倒角		对某图形对象倒圆
	分解图形对象		拉长图形对象

4.2.1　删除图形

在绘图的过程中，删除一些多余的图形是常见的，这时就要用到删除命令。

执行删除命令的方法如下。

- 单击【修改】面板上的【删除】按钮 ✐。
- 在命令行中输入 ⌀▪◆ℿ⬚键。
- 选择【修改】↘【删除】命令。

执行上面的任意一种方法后在编辑区会出现图标"□"，而后移动光标到要删除图形对象的位置。单击图形后再右击或按 Enter 键，即可完成删除图形的操作。

4.2.2　恢复图形

如果要恢复上一步的图形，只要单击快速访问工具栏上的【放弃】按钮 ↶，就可以退回到先前的操作，再次单击可以一直退回到最近保存后的一步。

任务 4.3　复　　制

4.3.1　复制图形对象

AutoCAD 为用户提供了复制命令，利用该命令可将已绘制好的图形复制到其他的地方。

执行复制命令的 3 种方法如下。

- 单击【修改】面板上的【复制】按钮 ❀。
- 在命令行中输入 copy 后按 Enter 键。
- 选择【修改】|【复制】命令。

选择【复制】命令后，命令行提示如下。

```
命令: _copy
选择对象:
```

在提示下选取实体，如图 4.5 所示。命令行也将显示选中一个物体，命令行提示如下。

```
选择对象: 找到 1 个
```

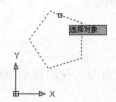

图 4.5　选取实体后绘图区所显示的图形

选取实体后绘图区如图 4.5 所示，命令行提示如下。

选择对象：

在 AutoCAD 中，此命令默认用户会继续选择下一个实体，右击或按 Enter 键即可结束选择。

AutoCAD 会提示用户指定基点或位移，在绘图区选择基点。命令行提示如下。

指定基点或 [位移(D)/模式(O)] <位移>：

指定基点后绘图区如图 4.6 所示。

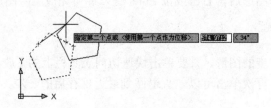

图 4.6　指定基点后绘图区所显示的图形

指定基点后，命令行将提示用户指定第二点或 <使用第一个点作为位移>。命令行提示如下。

指定基点或 [位移(D)/模式(O)] <位移>：指定第二个点或 <使用第一个点作为位移>：

指定第二点后绘图区如图 4.7 所示。

指定完第二点，命令行将提示用户指定第二点或 [退出(E)/放弃(U)] <退出>，命令行提示如下。

指定第二个点或 [退出(E)/放弃(U)] <退出>：

用此命令绘制的图形如图 4.8 所示。

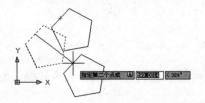

图 4.7　指定第二点后绘图区所显示的图形

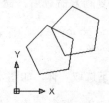

图 4.8　用 copy 命令绘制的图形

4.3.2　镜像

AutoCAD 为用户提供了镜像命令，使用该命令可将已绘制好的图形复制到其他的地方。

执行镜像命令的 3 种方法如下。

- 单击【修改】面板上的【镜像】按钮。

- 在命令行中输入 mirror 后按 Enter 键。
- 选择【修改】|【镜像】命令。

执行【镜像】命令后，命令行提示如下。

```
命令: _mirror                          //使用镜像命令
选择对象: 找到 1 个                      //选择对象
选择对象:
指定镜像线的第一点: 指定镜像线的第二点:    //指定镜像点
要删除源对象吗? [是(Y)/否(N)] <N>: n
```

选取实体后绘图区如图 4.9 所示。

在 AutoCAD 中，此命令默认用户会继续选择下一个实体，右击或按 Enter 键即可结束选择。然后在提示下选取镜像线的第一点和第二点。

指定镜像线的第一点后绘图区如图 4.10 所示。

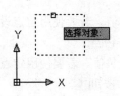 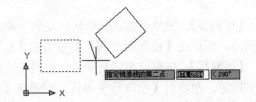

图 4.9 选取实体后绘图区所显示的图形   图 4.10 指定镜像线的第一点后绘图区所显示的图形

AutoCAD 会询问用户是否要删除原图形，在此输入 N 后按 Enter 键。用此命令绘制的图形如图 4.11 所示。

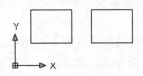

图 4.11 用镜像命令绘制的图形

4.3.3 阵列

AutoCAD 为用户提供了阵列命令，利用该命令可以将已绘制的图形复制到其他的地方。

执行阵列命令的 3 种方法如下。

- 单击【修改】工具栏上的【阵列】按钮。
- 在命令行中输入 Array 后按 Enter 键。
- 选择【修改】|【阵列】命令。

执行【阵列】命令后，AutoCAD 会自动打开如图 4.12 所示的【阵列】对话框。

下面介绍【阵列】对话框中各参数项的设置。

在对话框最上面有【矩形阵列】和【环形阵列】两个单选按钮，这是阵列的两种方

式。使用【矩形阵列】选项创建选择对象的副本的行和列阵列。使用【环形阵列】选项
通过围绕圆心复制选择对象来创建阵列。

对话框中的【行数】和【列数】文本框可输入阵列的行数和列数。

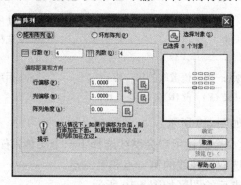

图 4.12　【阵列】对话框

【行偏移】：按单位指定行间距。要向下添加行，指定负值。若要使用定点设备指定
行间距，则单击【拾取两个偏移】按钮或【拾取行偏移】按钮🔳。

【列偏移】：按单位指定列间距。要向左边添加列，指定负值。若要使用定点设备指
定列间距，则单击【拾取两个偏移】按钮或【拾取列偏移】按钮🔳。

【阵列角度】：指定旋转角度。此角度通常为 0，因此
行和列与当前 UCS 的 X 和 Y 图形坐标轴正交。阵列角
度受 ANGBASE 和 ANGDIR 系统变量影响。

【拾取两个偏移】按钮：如图 4.13 所示。临时关闭【阵
列】对话框，这样可以使用定点设备指定矩形的两个斜　　图 4.13　【拾取两个偏移】按钮
角，从而设置行间距和列间距。

【拾取行偏移】按钮🔳：临时关闭【阵列】对话框，这样可以使用定点设备来指定
行间距。ARRAY 提示用户指定两个点，并使用这两个点之间的距离和方向来指定【行
偏移】中的值。

【拾取列偏移】按钮🔳：临时关闭【阵列】对话框，这样可以使用定点设备来指定
列间距。ARRAY 提示用户指定两个点，并使用这两个点之间的距离和方向来指定【列
偏移】中的值。

【拾取阵列的角度】按钮🔳：临时关闭【阵列】对话框，这样可以输入值或使用定
点设备指定两个点，从而指定旋转角度。使用 UNITS 可以更改测量单位。阵列角度受
ANGBASE 和 ANGDIR 系统变量的影响。

【选择对象】按钮🔳：指定用于构造阵列的对象。可以在【阵列】对话框显示之前
或之后选择对象。要在【阵列】对话框显示之后选择对象，则单击【选择对象】按钮，
【阵列】对话框将暂时关闭。完成对象选择后，按 Enter 键。【阵列】对话框将重新显示，
并且选择对象将显示在【选择对象】按钮下面。

用【矩形阵列】绘制的图形如图 4.14 所示。

当选择【环形阵列】单选按钮后，【阵列】对话框将如图 4.15 所示。

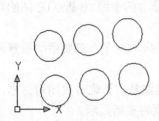

图 4.14 用矩形阵列绘制的图形   图 4.15 选择【环形阵列】单选按钮后的【阵列】对话框

【中心点】：指定环形阵列的中心点。输入 X 和 Y 坐标值，或单击【拾取中心点】按钮以使用定点设备指定中心点。

【拾取中心点】按钮：将临时关闭【阵列】对话框，以便用户使用定点设备在绘图区域中指定中心点。

【方法和值】选项组：指定用于定位环形阵列中的对象的方法和值。

● 【方法】：设置定位对象所用的方法。此设置控制哪些【方法和值】字段可用于指定值。例如，如果方法为【要填充的项目和角度总数】，则可以使用相关字段来指定值；【项目间角度】字段不可用。

● 【项目总数】：设置在结果阵列中显示的对象数目。默认值为 4。

● 【填充角度】：通过定义阵列中第一个和最后一个元素的基点之间的包含角来设置阵列大小。正值指定逆时针旋转；负值指定顺时针旋转。默认值为 360。不允许值为 0。

● 【项目间角度】：设置阵列对象的基点和阵列中心之间的包含角。输入一个正值。默认方向值为 90。

注　意

可以选择拾取键并使用定点设备来为【填充角度】和【项目间角度】指定值。

● 【拾取要填充的角度】按钮：临时关闭【阵列】对话框，这样可以定义阵列中第一个元素和最后一个元素的基点之间的包含角。ARRAY 提示在绘图区域参照一个点选择另一个点。

● 【拾取项目间角度】按钮：临时关闭【阵列】对话框，这样可以定义阵列对象的基点和阵列中心之间的包含角。ARRAY 提示在绘图区域参照一个点选择另一个点。

● 【复制时旋转项目】：预览区域所示旋转阵列中的项目。

● 【详细】/【简略】按钮 ：打开和关闭【阵列】对话框中的附加选项的显示。单击【详细】按钮时，将显示附加选项，此按钮名称变为【简略】，

如图 4.16 所示。

- 【对象基点】选项组：相对于选择对象指定新的参照(基准)点，对对象指定阵列操作时，这些选择对象将与阵列中心点保持不变的距离。要构造环形阵列，ARRAY 将确定从阵列中心点到最后一个选择对象上的参照点(基点)之间的距离。所使用的点取决于对象类型。

- 【设为对象的默认值】：使用对象的默认基点定位阵列对象。若要手动设置基点，则取消启用此复选框。

- 【基点】：设置新的 X 和 Y 基点坐标。选择【拾取基点】临时关闭对话框，并指定一个点。指定了一个点后，【阵列】对话框将重新显示。

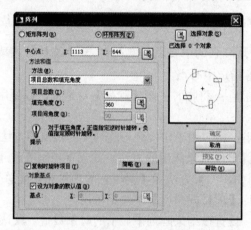

图 4.16　选择【详细】按钮后附加选项的显示

构造环形阵列而且不旋转对象时，要避免意外结果，应手动设置基点。

用【环形阵列】绘制的图形如图 4.17 所示。

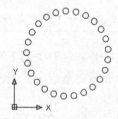

图 4.17　用环形阵列绘制的图形

任务 4.4 改 变 位 置

4.4.1 移动

移动图形对象是使某一图形沿着基点移动一段距离，使对象到达合适的位置。

执行移动命令的方法如下。

* 单击【修改】面板上的【移动】按钮⬩。
* 在命令行中输入 M 后按 Enter 键。
* 选择【修改】|【移动】命令。

选择【移动】命令后出现图标"口"，移动光标到要移动图形对象的位置。选择需要移动的图形对象后右击，AutoCAD 会提示用户选择基点。选择基点后移动光标至相应的位置。命令行窗口提示如下。

> 命令：_move
> 选择对象：找到 1 个

选取实体后绘图区如图 4.18 所示。

> 选择对象：
> 指定基点或 [位移(D)] <位移>： 指定第二个点或 <使用第一个点作为位移>：

指定基点后绘图区如图 4.19 所示。

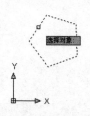
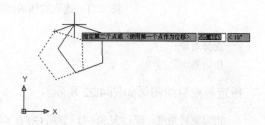

图 4.18 选取实体后绘图区所显示的图形　　图 4.19 指定基点后绘图区所显示的图形

最终绘制的图形如图 4.20 所示。

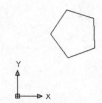

图 4.20 用移动命令将图形对象由原来位置移动到需要的位置

4.4.2   旋转

旋转对象是指用户将图形对象转一个角度使之符合用户的要求。旋转后的对象与原对象的距离取决于旋转的基点与被旋转对象的距离。

执行旋转命令的方法如下。

● 单击【修改】面板中的【旋转】按钮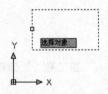。

● 在命令行中输入 rotate 后按 Enter 键。

● 选择【修改】|【旋转】命令。

执行此命令后出现图标"口"，移动光标到要旋转的图形对象的位置。选择需要移动的图形对象后右击，AutoCAD 会提示用户选择基点。选择基点后移动光标至相应的位置。命令行窗口提示如下。

```
命令：_rotate
UCS 当前的正角方向： ANGDIR=逆时针  ANGBASE=0
选择对象：找到 1 个
```

此时绘图区如图 4.21 所示。

图 4.21   选取实体后绘图区所显示的图形

```
选择对象：
指定基点：
```

指定基点后绘图区如图 4.22 所示。

```
指定旋转角度，或 [复制(C)/参照(R)] <0>：
```

最终绘制的图形如图 4.23 所示。

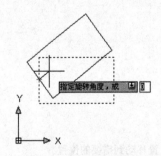

图 4.22   指定基点后绘图区所显示的图形

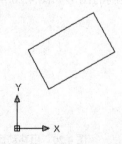

图 4.23   用旋转命令绘制的图形

任务 4.5　改变几何特性

在 AutoCAD 中，可以通过缩放命令来使实际的图形对象放大或缩小。

执行缩放命令的方法如下。

- 单击【修改】面板中的【缩放】按钮回。
- 在命令行中输入 scale 后按 Enter 键。
- 选择【修改】|【缩放】命令。

执行此命令后会出现图标"口"，AutoCAD 提示用户选择需要缩放的图形对象后移动光标到要缩放的图形对象位置。选择需要缩放的图形对象后右击，AutoCAD 提示用户选择基点。选择基点后，在命令行中输入缩放比例系数并按 Enter 键，缩放完毕。命令行窗口提示如下。

```
命令: _scale
选择对象: 找到 1 个
```

选取实体后绘图区如图 4.24 所示。

```
选择对象:
指定基点:
```

指定基点后绘图区如图 4.25 所示。

```
指定比例因子或 [复制(C)/参照(R)] <1.5000>:
```

绘制的图形如图 4.26 所示。

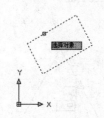

图 4.24　选取实体后绘图　　　图 4.25　指定基点后绘图区所显示
　　　区所显示的图形　　　　　　　　的图形

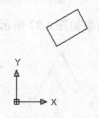

图 4.26　用缩放命令将图形对
　　　象缩小的最终效果

任务 4.6　对象特性修改

4.6.1　对齐

选择【修改】|【三维操作】|【对齐】命令，如图 4.27 所示。

图 4.27　选择【对齐】命令

使如图 4.28 所示的三角形和矩形对齐，按命令行的提示进行操作。

命令：_align
选择对象：找到 1 个　　　　　　　　　//选择矩形，如图 4.29 所示
选择对象：(回车)
指定第一个源点：　　　　　　　　　　//捕捉矩形左边中点
指定第一个目标点：　　　　　　　　　//捕捉三角形左边的中点，如图 4.30 所示
指定第二个源点：　　　　　　　　　　//捕捉矩形右边的中点，如图 4.31 所示
指定第二个目标点：　　　　　　　　　//捕捉三角形右边的中点，如图 4.32 所示
指定第三个源点或 <继续>：　　　　　//按 Enter 键
是否基于对齐点缩放对象？[是(Y)/否(N)] <否>：　　//按 Enter 键

效果如图 4.33 所示。

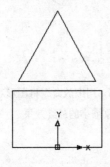
图 4.28　矩形和三角形

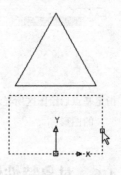
图 4.29　捕捉矩形

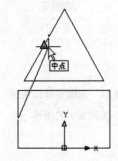
图 4.30　捕捉三角形上的中点

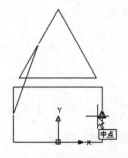
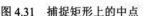
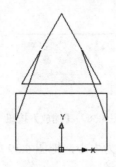
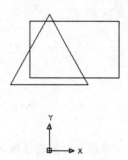

图 4.31 捕捉矩形上的中点   图 4.32 确定第二个对称目标点   图 4.33 对齐图形

4.6.2 拉伸

拉伸是指按照指定的距离和角度拉长图形。【拉伸】按钮在【修改】面板中的位置如图 4.34 所示。

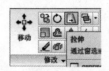

图 4.34 【拉伸】按钮

按命令行的提示，把六边形适当拉长。

命令：_stretch   //使用拉伸命令
以交叉窗口或交叉多边形选择要拉伸的对象...
选择对象：指定对角点：找到 1 个   //选择六边形，如图 4.35 所示
选择对象：(回车)
指定基点或[位移(D)]<位移>：   //单击一点
指定第二个点或 <使用第一个点作为位移>：   //适当移动光标，如图 4.36 所
示，然后单击

最终效果如图 4.37 所示。

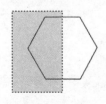
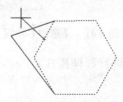
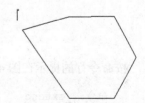

图 4.35 选择六边形   图 4.36 牵拉图形   图 4.37 拉伸图形

4.6.3 缩放

【缩放】按钮用于按照指定的比例缩小放大图形。它在【修改】面板中的位置如

图 4.38 所示。

图 4.38　【缩放】按钮

按命令行的提示操作，以原点为中心，把图 4.39 所示的圆缩小到 0.75 倍。

```
命令: _scale                                    //使用缩放命令
选择对象: 找到 1 个                              //选择圆
选择对象:                                       //按 Enter 键
指定基点:0,0                                    //输入原点
指定比例因子或 [复制(C)/参照(R)]<1.0000>: 0.75
```

最终效果如图 4.40 所示。

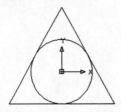

图 4.39　圆和三角形

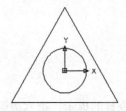

图 4.40　缩小圆

4.6.4　延伸

【延伸】按钮 在【修改】面板中的位置如图 4.41 所示。

图 4.41　【延伸】按钮

按命令行的提示在图 4.42 中进行延伸操作。

```
命令: _extend                                       //使用延伸命令
当前设置:投影=UCS,边=无
选择边界的边...
选择对象或<全部选择>: 找到 1 个                     //选择如图 4.43 所示的矩形
选择对象:                                           //按 Enter 键
选择要延伸的对象,或按住 Shift 键选择要修剪的对象,或
[栏选(F)/窗交(C)/投影(P)/边(E)/放弃(U)]:             //如图 4.44 所示单击直线右边
```

部分，效果如图 4.45 所示

选择要延伸的对象，或按住 Shift 键选择要修剪的对象，或

[栏选(F)/窗交(C)/投影(P)/边(E)/放弃(U)]：　　　　//以下依次单击直线靠近矩形

的部分

选择要延伸的对象，或按住 Shift 键选择要修剪的对象，或

[栏选(F)/窗交(C)/投影(P)/边(E)/放弃(U)]：

选择要延伸的对象，或按住 Shift 键选择要修剪的对象，或

[栏选(F)/窗交(C)/投影(P)/边(E)/放弃(U)]：

选择要延伸的对象，或按住 Shift 键选择要修剪的对象，或

[栏选(F)/窗交(C)/投影(P)/边(E)/放弃(U)]：

选择要延伸的对象，或按住 Shift 键选择要修剪的对象，或

[栏选(F)/窗交(C)/投影(P)/边(E)/放弃(U)]：　　　　//按 Enter 键

最终效果如图 4.46 所示。

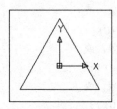

图 4.42　原始图形

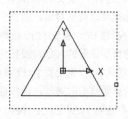

图 4.43　选择矩形

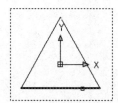

图 4.44　选择一条直线

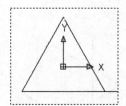

图 4.45　延伸一条直线

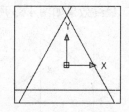

图 4.46　延伸六条直线

4.6.5　修剪

【修剪】按钮 在【修改】面板中的位置如图 4.47 所示。

图 4.47　【修剪】按钮

修剪图 4.48 所示的六角星内部的线条。按命令行的提示操作。

命令：_trim   //使用修剪命令

当前设置：投影=UCS，边=无

选择剪切边...

选择对象或<全部选择>：找到 1 个   //选择如图 4.49 所示的直线

选择对象：找到 1 个，总计 2 个   //顺次选择如图 4.50 所示的直线

选择对象：找到 1 个，总计 3 个

选择对象：找到 1 个，总计 4 个

选择对象：找到 1 个，总计 5 个

选择对象：   //按 Enter 键，效果如图 4.51 所示

选择要修剪的对象，或按住 Shift 键选择要延伸的对象，或

[栏选(F)/窗交(C)/投影(P)/边(E)/删除(R)/放弃(U)]：   //选择如图 4.52 所示的
直线段作为修剪掉的线条

选择要修剪的对象，或按住 Shift 键选择要延伸的对象，或

[栏选(F)/窗交(C)/投影(P)/边(E)/删除(R)/放弃(U)]：   //顺次选择类似的直线段

选择要修剪的对象，或按住 Shift 键选择要延伸的对象，或

[栏选(F)/窗交(C)/投影(P)/边(E)/删除(R)/放弃(U)]：

选择要修剪的对象，或按住 Shift 键选择要延伸的对象，或

[栏选(F)/窗交(C)/投影(P)/边(E)/删除(R)/放弃(U)]：

选择要修剪的对象，或按住 Shift 键选择要延伸的对象，或

[栏选(F)/窗交(C)/投影(P)/边(E)/删除(R)/放弃(U)]：

选择要修剪的对象，或按住 Shift 键选择要延伸的对象，或

[栏选(F)/窗交(C)/投影(P)/边(E)/删除(R)/放弃(U)]：   //按 Enter 键

最终效果如图 4.53 所示。

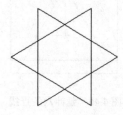

图 4.48　带隔线的六角星

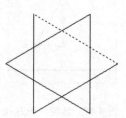

图 4.49　选择第一条修剪边

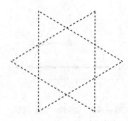

图 4.50　选择所有的修剪边

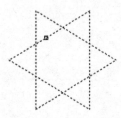

图 4.51　选择第一条隔线

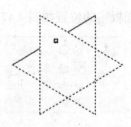

图 4.52　剪去第一条隔线

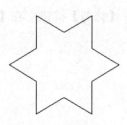

图 4.53　剪去所有隔线

4.6.6　拉长

使用拉长命令可以按照指定的长度拉长图形。图 4.54 所示为【拉长】按钮  在【修改】面板中的位置。

图 4.54　【拉长】按钮

拉长一个曲线五角星的边。按命令行的提示操作。

```
命令：_lengthen                                              //使用拉长命令
选择对象或 [增量(DE)/百分数(P)/全部(T)/动态(DY)]：de       //执行增量选项
输入长度增量或 [角度(A)] <0.0000>：3                        //输入拉长量
选择要修改的对象或 [放弃(U)]：
                      //选择如图 4.55 所示的曲边，单击实现拉长，如图 4.56 所示
选择要修改的对象或 [放弃(U)]：        //顺次单击需要拉长的曲边
选择要修改的对象或 [放弃(U)]：
选择要修改的对象或 [放弃(U)]：
选择要修改的对象或 [放弃(U)]：
选择要修改的对象或 [放弃(U)]：*取消*        //按 Esc 键
```

最终效果如图 4.57 所示。

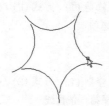

图 4.55　选择需要拉长的对象

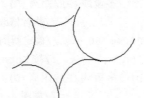

图 4.56　拉长曲边

图 4.57　拉长所有曲边

4.6.7　打断

打断命令用于在指定的位置截断线条。图 4.58 所示为【打断于点】按钮 在【修改】面板中的位置。

在右边中点处打断图 4.59 所示的一个三角形，按命令行的提示操作。

图 4.58　【打断于点】按钮

```
命令：_break 选择对象：                //选择三角形，如图 4.60 所示
指定第二个打断点或 [第一点(F)]：_f
```

指定第一个打断点：　　　　　　　　　　　//选择右边中点，如图 4.61 所示

指定第二个打断点：@

单击右边线条，效果如图 4.62 所示，可见确实已经打断。

图 4.59　三角形　　　图 4.60　选择三角形　　　图 4.61　选择中点　　　图 4.62　打断线条

4.6.8　倒角

倒角命令用于使两条直线之间按照指定的倒角距离倒角。【倒角】按钮 在【修改】面板中的位置如图 4.63 所示。

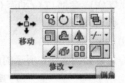

图 4.63　【倒角】按钮

把三角形的一个角倒角，按命令行的提示操作。

```
命令：_chamfer                          //"修剪"模式当前倒角距离 1 = 0.0000,
距离 2 = 0.0000
    选择第一条直线或 [放弃(U)/多段线(P)/距离(D)/角度(A)/修剪(T)/方式(E)/多个
(M)]：d                                 //执行修改倒角距的选项
    指定第一个倒角距离 <0.0000>：60     //确定新倒角距
    指定第二个倒角距离 <60.0000>：       //按 Enter 键
    选择第一条直线或 [放弃(U)/多段线(P)/距离(D)/角度(A)/修剪(T)/方式(E)/多个
(M)]：                                  //如图 4.64 所示选择第一条直线
    选择第二条直线：                     //选择第二条直线，如图 4.65 所示
```

最终效果如图 4.66 所示。

　　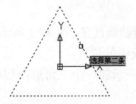　　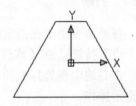

图 4.64　选择第一条直线　　　图 4.65　选择第二条直线　　　图 4.66　倒角操作

4.6.9　圆角

圆角命令用于在两条直线之间按照指定的圆角半径创建圆角。【圆角】按钮 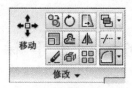 在【修改】面板中的位置如图 4.67 所示。

图 4.67　【圆角】按钮

把五角形的上角倒圆角，按命令行的提示操作。

```
命令: _fillet                                           //使用圆角命令
当前设置: 模式 = 修剪, 半径 = 0.0000
选择第一个对象或 [放弃(U)/多段线(P)/半径(R)/修剪(T)/多个(M)]: r    //执行确
定新圆角半径的选项
指定圆角半径 <10.0000>:50                                  //输入新圆角
半径
选择第一个对象或 [放弃(U)/多段线(P)/半径(R)/修剪(T)/多个(M)]: //选择如图
4.68 所示直线
选择第二个对象, 或按住 Shift 键选择要应用角点的对象:            //选择如图
4.69 所示直线
```

最终效果如图 4.70 所示。

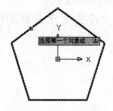 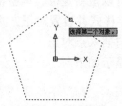 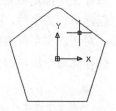

图 4.68　选择左边直线　　　图 4.69　选择右边直线　　　图 4.70　倒圆角

项目 5 文字与尺寸标注

任务 5.1 文字标注

文字标注包括单行和多行文字标注，下面进行具体介绍。

5.1.1 单行文字

单行文字一般用于对图形对象的规格说明、标题栏信息和标签等，也可以作为图形的一个有机组成部分。对于这种不需要使用多种字体的简短内容，可以使用【单行文字】命令建立单行文字。

1. 创建单行文字

创建单行文字的几种方法如下。

1）在命令行中输入 dtext 后按 Enter 键。

2）在【常用】选项卡的【注释】面板或【注释】选项卡的【文字】面板中单击【单行文字】按钮 Ａ 单行文字 。

3）在菜单栏中选择【绘图】|【文字】|【单行文字】命令。

每行文字都是独立的对象，可以重新定位、调整格式或进行其他修改。

创建单行文字时，要指定文字样式并设置对正方式。文字样式设置文字对象的默认特征。对正决定字符的哪一部分与插入点对正。

执行此命令后，命令行窗口显示如下。

```
命令: _dtext
当前文字样式: "Standard" 文字高度: 2.5000    注释性: 否
指定文字的起点或 [对正(J)/样式(S)]:
```

此命令行中各选项的含义如下。

- 默认情况下提示用户输入单行文字的起点。
- 【对正】：用来设置文字对齐的方式，AutoCAD 默认的对齐方式为左对齐。由于此项的内容较多，在后面会有详细的说明。
- 【样式】：用来选择文字样式。

在命令行中输入 S 并按 Enter 键，执行此命令，AutoCAD 会出现如下信息：

```
输入样式名或 [?] <Standard>:
```

此信息提示用户在输入样式名或 [?] <Standard>后输入一种文字样式的名称(默认

值是当前样式名)。

　　输入样式名称后，AutoCAD 又会出现指定文字的起点或 [对正(J)/样式(S)]的提示，提示用户输入起点位置。输入完起点坐标后按 Enter 键，AutoCAD 会出现如下提示：

　　　　指定高度 <2.5000>：

　　提示用户指定文字的高度。指定高度后按 Enter 键，命令行窗口显示如下。

　　　　指定文字的旋转角度 <0>：

　　指定角度后按 Enter 键，这时用户就可以输入文字内容了。

　　在指定文字的起点或 [对正(J)/样式(S)]后输入 J 后按 Enter 键，AutoCAD 会在命令行出现如下信息：

　　　　输入选项

　　　　[对齐(A)/布满(F)/居中(C)/中间(M)/右对齐(R)/左上(TL)/中上(TC)/右上(TR)/左中(ML)/正中(MC)/右中(MR)/左下(BL)/中下(BC)/右下(BR)]：

　　即用户可以有以上多种对齐方式选择，各种对齐方式及其说明如表 5.1 所示。

表 5.1　各种对齐方式及其说明

对齐方式	说　明
对齐(A)	提供文字基线的起点和终点，文字在次基线上均匀排列，这时可以调整字高比例以防止字符变形
布满(F)	给定文字基线的起点和终点。文字在此基线上均匀排列，而文字的高度保持不变，这时字型的间距要进行调整
居中(C)	给定一个点的位置，文字在该点为中心水平排列
中间(M)	指定文字串的中间点
右对齐(R)	指定文字串的右基线点
左上(TL)	指定文字串的顶部左端点与大写字母顶部对齐
中上(TC)	指定文字串的顶部中心点与大写字母顶部为中心点
右上(TR)	指定文字串的顶部右端点与大写字母顶部对齐
左中(ML)	指定文字串的中部左端点与大写字母和文字基线之间的线对齐
正中(MC)	指定文字串的中部中心点与大写字母和文字基线之间的中心线对齐
右中(MR)	指定文字串的中部右端点与大写字母和文字基线之间的线对齐
左下(BL)	指定文字左侧起始点与水平线的夹角为字体的选择角，且过该点的直线就是文字中最低字符字底的基线
中下(BC)	指定文字沿排列方向的中心点，最低字符字底基线与 BL 相同
右下(BR)	指定文字串的右端底部是否对齐

　　要结束单行输入，在一空白行处按 Enter 键即可。

　　图 5.1 为 4 种对齐方式的示意图，分别为对齐方式、中间方式、右上方式、左下方式。

图 5.1　单行文字的 4 种对齐方式

5.1.2　多行文字

对于较长和较为复杂的内容，可以使用【多行文字】命令来创建多行文字。多行文字可以布满指定的宽度，在垂直方向上无限延伸。用户可以自行设置多行文字对象中的单个字符的格式。

多行文字由任意数目的文字行或段落组成，与单行文字不同的是在一个多行文字编辑任务中创建的所有文字行或段落都被当作同一个多行文字对象。多行文字可以被移动、旋转、删除、复制、镜像、拉伸或比例缩放。

可以将文字高度、对正、行距、旋转、样式和宽度应用到文字对象中或将字符格式应用到特定的字符中。对齐方式要考虑文字边界以决定文字要插入的位置。

与单行文字相比，多行文字具有更多的编辑选项。可以将下划线、字体、颜色和高度变化应用到段落中的单个字符、词语或词组。

单击【常用】选项卡中【注释】面板的【多行文字】按钮 **A** 多行文字，在主窗口中会打开【文字编辑器】选项卡，如图 5.2 所示。图 5.3 为【在位文字编辑器】以及标尺。

图 5.2　【文字编辑器】选项卡

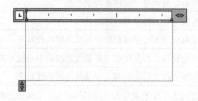

图 5.3　【在位文字编辑器】及其标尺

其中，在【文字编辑器】选项卡中包括【样式】、【格式】、【段落】、【插入】、【选项】、【关闭】等面板，可以根据不同的需要对多行文字进行编辑和修改。下面进行具体的介绍。

1. 【文字编辑器】选项卡

（1）【样式】面板
在【样式】面板中可以选择文字样式，选择或输入文字高度，其中【文字高度】下拉列表如图 5.4 所示。

（2）【格式】面板

在【格式】面板中可以对字体进行设置，如可以修改为粗体、斜体等。用户还可以选择自己需要的字体及颜色，其中，【字体】下拉列表如图 5.5 所示，【颜色】下拉列表如图 5.6 所示。

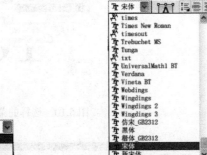 

图 5.4　【文字高度】下拉列表　　图 5.5　【字体】下拉列表　　图 5.6　【颜色】下拉列表

（3）【段落】面板

在【段落】面板中可以对段落进行设置，包括对正、编号、分布、对齐等的设置，其中【对正】下拉列表如图 5.7 所示。

（4）【插入】面板

在【插入】面板中可以插入符号、字段，进行分栏设置，其中【符号】下拉列表如图 5.8 所示。

图 5.7　【对正】下拉列表　　　　　　图 5.8　【符号】下拉列表

（5）【选项】面板

在【选项】面板中可以对文字进行查找和替换等操作，其中在【选项】下拉列表中有更完整的功能，如图 5.9 所示。用户可以根据需要进行修改。

选择【选项】|【编辑器设置】|【显示工具栏】命令(图 5.10),打开如图 5.11 所示的
【文字格式】工具栏。可以用此工具栏中的命令来编辑多行文字,它和【文字编辑器】
选项卡下的几个面板提供的命令是一样的。

图 5.9 【选项】下拉列表

图 5.10 选择的菜单命令

图 5.11 【文字格式】工具栏

（6）【关闭】面板

单击【关闭文字编辑器】按钮(图 5.12)可以退回到原来的主窗口,完成多行文字
的编辑操作。

图 5.12 【关闭文字编辑器】按钮

2. 创建多行文字

可以通过以下几种方式创建多行文字。

1) 在【常用】选项卡的【注释】面板或【注释】选项卡的【文字】面板中单击【多
行文字】按钮。

2) 在命令行中输入 mtext 后按 Enter 键。

3) 在菜单栏中选择【绘图】|【文字】|【多行文字】命令。

提 示 🏠

创建多行文字对象的高度取决于输入的文字总量。

命令行窗口显示如下。

命令: _mtext 当前文字样式: "Standard" 文字高度: 2.5 注释性: 否
指定第一角点:

指定对角点或 [高度(H)/对正(J)/行距(L)/旋转(R)/样式(S)/宽度(W) /栏(C)]：h
指定高度 <2.5>：60
指定对角点或 [高度(H)/对正(J)/行距(L)/旋转(R)/样式(S)/宽度(W) /栏(C)]：w
指定宽度：500

此时，绘图区显示的图形如图 5.13 所示。

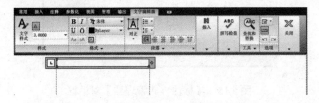

图 5.13　选择宽度(W)后绘图区所显示的图形

用【多行文字】命令创建的文字如图 5.14 所示。

云杰漫步多
媒体

图 5.14　用【多行文字】命令创建的文字

任务 5.2　尺 寸 标 注

5.2.1　设置标注样式

在 AutoCAD 中，要使标注的尺寸符合要求，就必须先设置尺寸样式，即确定 4 个基本元素的大小及相互之间的基本关系。本节将对尺寸标注样式的管理、创建及其具体设置作详细的介绍。

1. 标注样式的管理

设置尺寸标注样式有以下 3 种方法。

● 在菜单栏中，选择【标注】|【标注样式】命令。
● 在命令行中输入 ddim 后按 Enter 键。
● 单击【标注】工具栏中的【标注样式】按钮 。

无论使用哪一种方法，AutoCAD 都会打开如图 5.15 所示的【标注样式管理器】对话框。在其中，将显示当前可以选择的尺寸样式名，可以查看所选择样式的预览图。

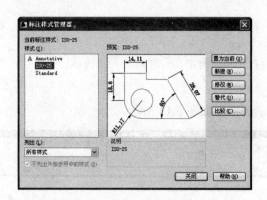

图 5.15 【标注样式管理器】对话框

下面对【标注样式管理器】对话框中的各项功能作具体介绍。

- 【置为当前】按钮：用于建立当前尺寸标注类型。
- 【新建】按钮：用于新建尺寸标注类型。单击该按钮，将打开【创建新标注样式】对话框，其具体应用在下面作介绍。
- 【修改】按钮：用于修改尺寸标注类型。单击该按钮，将打开如图 5.16 所示的【修改标注样式】对话框。此图显示的是对话框中【线】选项卡的内容。

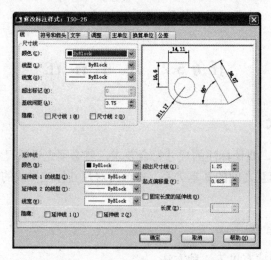

图 5.16 【修改标注样式】对话框

- 【替代】按钮：替代当前尺寸标注类型。单击该按钮，将打开【替代当前样式】对话框，其中的选项与【修改标注样式】对话框中的内容一致。
- 【比较】按钮：比较尺寸标注样式。单击该按钮，将打开如图 5.17 所示的【比较标注样式】对话框。比较功能可以帮助用户快速地比较几个标注样式在参数上的不同。

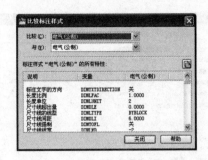

图 5.17　【比较标注样式】对话框

2．创建新标注样式

单击【标注样式管理器】对话框中的【新建】按钮，出现如图 5.18 所示的【创建新标注样式】对话框。

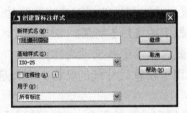

图 5.18　【创建新标注样式】对话框

在【创建新标注样式】对话框中，可以进行以下设置。

1）在【新样式名】文本框中输入新的尺寸样式名称。

2）在【基础样式】下拉列表框中选择相应的标准。

3）在【用于】下拉列表框中选择需要的尺寸标注样式。

设置完毕后单击【继续】按钮，即可进入【新建标注样式】对话框进行各项设置，其内容与【修改标注样式】对话框中的内容一致。

【新建标注样式】对话框、【修改标注样式】对话框与【替代当前样式】对话框中的内容是一致的，包括 7 个选项卡，在下面将对其设置作详细的讲解。

CAD 中具有标注样式的导入、导出功能，可以用标注样式的导入、导出功能实现在新建图形中引用当前图形中的标注样式或者导入样式应用标注，后缀名为 dim。

3．直线和箭头

单击【标注样式管理器】对话框中的【新建】按钮，打开【创建新标注样式】对话框，将【新样式名】改为"副本 ISO-25"，单击【继续】按钮，弹出【新建标注样式】对话框，如图 5.19 所示。

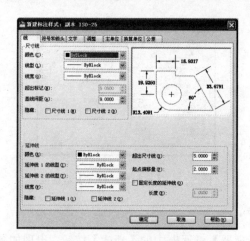

图 5.19　【新建标注样式】对话框

【线】选项卡：用来设置尺寸线和延伸线的格式和特性。

单击【标注样式】对话框中的【线】标签，切换到【线】选项卡。在此选项卡中，可以设置尺寸的几何变量。此选项卡中各选项内容如下。

1）【尺寸线】选项组：用于设置尺寸线的特性。在此选项组中，AutoCAD 提供了以下 6 项内容供用户设置。

● 【颜色】：显示并设置尺寸线的颜色。可以选择【颜色】下拉列表框中的某种颜色作为尺寸线的颜色，或在列表框中直接输入颜色名来获得尺寸线的颜色。如果单击【颜色】下拉列表框中的【选择颜色】选项，则会打开【选择颜色】对话框。用户可以从 288 种 AutoCAD 颜色索引(ACI)、真彩色和配色系统中选择颜色，如图 5.20 所示。

图 5.20　【选择颜色】对话框

● 【线型】：设置尺寸线的线型。可以选择【线型】下拉列表框中的某种线型作为尺寸线的线型。

● 【线宽】：设置尺寸线的线宽。可以选择【线宽】下拉列表框中的某种属性来设置线宽，如 ByLayer(随层)、ByBlock(随块)及默认或一些固定的线宽等。

● 【超出标记】：显示的是当用短斜线代替尺寸箭头使用倾斜、建筑标记、积分和无标记时尺寸线超过延伸线的距离。用户可以在此输入自己的预定值，默认情况下为 0。图 5.21 所示为预定值设定为 3 时尺寸线超出延伸线的距离。

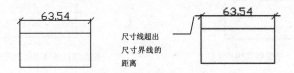

图 5.21　输入【超出标记】预定值的前后对比

- 【基线间距】：显示的是两尺寸线之间的距离，用户可以在此输入自己的预定值。该值将在进行连续和基线尺寸标注时用到。
- 【隐藏】：不显示尺寸线。当标注文字在尺寸线中间时，如果选中【尺寸线 1】复选框，将隐藏前半部分尺寸线；如果选中【尺寸线 2】复选框，则隐藏后半部分尺寸线；如果同时选中两个复选框，则尺寸线将被全部隐藏。隐藏部分尺寸线的尺寸标注如图 5.22 所示。

隐藏前半部分尺寸线的尺寸标注　　　　隐藏后半部分尺寸线的尺寸标注

图 5.22　隐藏部分尺寸线的尺寸标注

2)【延伸线】选项组：用于控制延伸线的外观。在此选项组中，AutoCAD 提供了以下 8 项内容供用户设置。

- 【颜色】：显示并设置延伸线的颜色。可以选择【颜色】下拉列表框中的某种颜色作为延伸线的颜色，或在列表框中直接输入颜色名来获得延伸线的颜色。如果单击【颜色】下拉列表框中的【选择颜色】选项，则会打开【选择颜色】对话框，可以从 288 种 AutoCAD 颜色索引(ACI)颜色、真彩色和配色系统颜色中选择颜色。
- 【延伸线 1 的线型】及【延伸线 2 的线型】：设置延伸线的线型。可以选择其下拉列表框中的某种线型作为延伸线的线型。
- 【线宽】：设置延伸线的线宽。可以选择【线宽】下拉列表框中的某种属性来设置线宽，如 ByLayer(随层)、ByBlock(随块)及默认或一些固定的线宽等。
- 【隐藏】：不显示延伸线。如果选中【延伸线 1】复选框，将隐藏第一条延伸线，如果选中【延伸线 2】复选框，则隐藏第二条延伸线，如图 5.23 所示。如果同时选中两个复选框，则延伸线将被全部隐藏。
- 【超出尺寸线】：显示的是延伸线超过尺寸线的距离。用户可以在此输入自己的预定值。图 5.24 所示为预定值设定为 3 时延伸线超出尺寸线的距离。

图 5.23　隐藏部分延伸线的尺寸标注

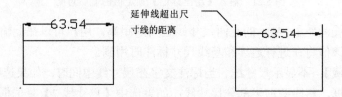

图 5.24　输入【超出尺寸线】预定值的前后对比

- 【起点偏移量】：用于设置自图形中定义标注的点到延伸线的偏移距离。一般来说，延伸线与所标注的图形之间有间隙，则该间隙即为起点偏移量，即在【起点偏移量】微调框中所显示的数值，用户也可以把它设为另外一个值。
- 【固定长度的延伸线】：用于设置延伸线从尺寸线开始到标注原点的总长度。图 5.25 所示为设定固定长度的延伸线前后的对比。无论是否设置了固定长度的延伸线，延伸线偏移都将设置从延伸线原点开始的最小偏移距离。

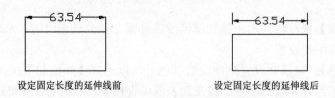

图 5.25　设定固定长度延伸线的前后对比

【符号和箭头】选项卡：用来设置箭头、圆心标记、折断标注、弧长符号、半径折弯标注和线性折弯标注的格式和位置。

单击【新建标注样式】对话框中的【符号和箭头】标签，切换到【符号和箭头】选项卡，如图 5.26 所示。

此选项卡中各选项的功能如下。

1）【箭头】选项组：用于控制标注箭头的外观。在此选项组中，AutoCAD 提供了以下 4 项内容供用户设置。

- 【第一个】：用于设置第一条尺寸线的箭头。当改变第一个箭头的类型时，第二个箭头将自动改变以便同第一个箭头相匹配。
- 【第二个】：用于设置第二条尺寸线的箭头。

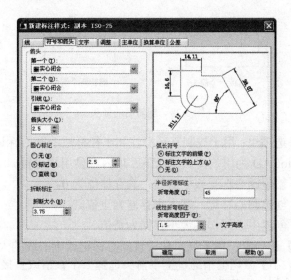

图 5.26 【符号和箭头】选项卡

- 【引线】：用于设置引线尺寸标注的指引箭头类型。

  若用户要指定自己定义的箭头块，可分别单击上述三项下拉列表框中的【用户箭头】选项，则显示【选择自定义箭头块】对话框。在该对话框中，可选择自己定义的箭头块的名称(该块必须在图形中)。

- 【箭头大小】：在此微调框中显示的是箭头的大小值。可以单击上下移动的箭头选择相应的大小值，或直接在微调框中输入数值以确定箭头的大小值。

另外，在 AutoCAD 2014 版本中有"翻转标注箭头"的功能，通过该功能，可以更改标注上每个箭头的方向，如图 5.27 所示，先选择要改变其方向的箭头，然后右击，在弹出的快捷菜单中选择【翻转箭头】命令，翻转后的箭头如图 5.28 所示。

图 5.27 翻转箭头

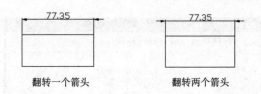

图 5.28　翻转后的箭头

2)【圆心标记】选项组：用于控制直径标注和半径标注的圆心标记和中心线的外观。在此选项组中，AutoCAD 为用户提供了以下 3 项内容供用户设置。

- 【无】：不创建圆心标记或中心线，其存储值为 0。
- 【标记】：创建圆心标记，其大小存储为正值。
- 【直线】：创建中心线，其大小存储为负值。

3)【折断标注】选项组：用于显示和设置圆心标记或中心线的大小。

可以在【折断大小】微调框中通过上下箭头选择一个数值或直接在微调框中输入相应的数值来表示圆心标记的大小。

4)【弧长符号】选项组：用于控制弧长标注中圆弧符号的显示。在此选项组中，AutoCAD 提供了以下 3 项内容供用户设置。

- 【标注文字的前缀】：将弧长符号放置在标注文字的前面。
- 【标注文字的上方】：将弧长符号放置在标注文字的上方。
- 【无】：不显示弧长符号。

5)【半径折弯标注】选项组：用于控制折弯(Z 字型)半径标注的显示。折弯半径标注通常在中心点位于页面外部时创建。

【折弯角度】：用于确定连接半径标注的延伸线和尺寸线的横向直线的角度，如图 5.29 所示。

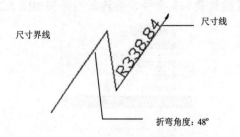

图 5.29　折弯角度

6)【线性折弯标注】选项组：用于控制线性折弯标注的显示。

可以在【折弯高度因子】微调框中通过上下箭头选择一个数值或直接在微调框中输入相应的数值来表示文字高度的大小。

4. 文字

【文字】选项卡：用来设置标注文字的外观、位置和对齐。

单击【新建标注样式】对话框中的【文字】标签，切换到【文字】选项卡，如图 5.30

所示。

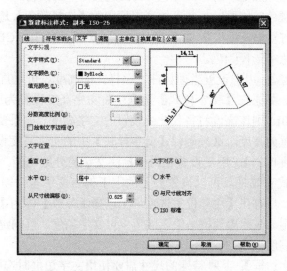

图 5.30　【文字】选项卡

此选项卡中各选项的功能如下。

1)【文字外观】选项组：用于设置标注文字的样式、颜色和大小等属性。在此选项组中，AutoCAD 提供了以下 6 项内容供用户设置。

- 【文字样式】：用于显示和设置当前标注文字的样式。可以从其下拉列表框中选择一种样式。若要创建和修改标注文字样式，可以单击下拉列表框旁边的【文字样式】按钮，打开【文字样式】对话框，从中进行标注文字样式的创建和修改，如图 5.31 所示。

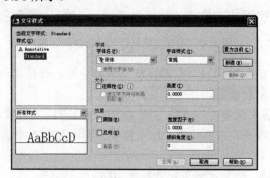

图 5.31　【文字样式】对话框

- 【文字颜色】：用于设置标注文字的颜色。可以选择其下拉列表框中的某种颜色作为标注文字的颜色，或在列表框中直接输入颜色名来获得标注文字的颜色。如果单击其下拉列表框中的【选择颜色】选项，则会打开【选择颜色】对话框，可以从 288 种 AutoCAD 颜色索引(ACI)颜色、真彩色和配色系统颜色中选择颜色。
- 【填充颜色】：用于设置标注文字背景的颜色。可以选择其下拉列表框中的某种颜色作为标注文字背景的颜色，或在列表框中直接输入颜色名来获得标注文字背景的颜色。如果单击其下拉列表框中的【选择颜色】选项，则会打开【选择颜色】对话框，可以从 288 种 AutoCAD 颜色索引(ACI)颜色、真彩色和配色系统颜色中选择颜色。

- 【文字高度】：用于设置当前标注文字样式的高度。可以直接在文本框输入需要的数值。如果在【文字样式】选项中将文字高度设置为固定值(即文字样式高度大于 0)，则该高度将替代此处设置的文字高度。如果要使用在【文字】选项卡上设置的高度，必须确保【文字样式】中的文字高度设置为 0。

- 【分数高度比例】：用于设置相对于标注文字的分数比例，用在公差标注中，当公差样式有效时，可以设置公差的上下偏差文字与公差的尺寸高度的比例值。另外，只有在【主单位】选项卡上选择【分数】作为【单位格式】时，此选项才可用。在此微调框中输入的值乘以文字高度，可确定标注分数相对于标注文字的高度。

- 【绘制文字边框】：某种特殊的尺寸需要使用文字边框时选中该复选框。例如，基本公差，如果选择此复选框将在标注文字周围绘制一个边框。图 5.32 为有文字边框和无文字边框的尺寸标注效果。

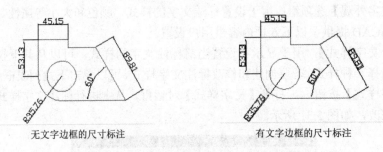

无文字边框的尺寸标注　　　　　　　　有文字边框的尺寸标注

图 5.32　有无文字边框尺寸标注的比较

2)【文字位置】选项组：用于设置标注文字的位置。在此选项组中，AutoCAD 提供了以下 3 项内容供用户设置。

- 【垂直】：用来调整标注文字与尺寸线在垂直方向的位置。可以在此下拉列表框中选择当前垂直对齐位置。此下拉列表框中共有 5 个选项供用户选择，具体如下。
  - 【居中】：将文本置于尺寸线的中间。
  - 【上】：将文本置于尺寸线的上方。从尺寸线到文本的最低基线的距离就是当前的文字间距。
  - 【外部】：将文本置于尺寸线上远离第一个定义点的一边。
  - JIS：按日本工业的标准放置。
  - 【下】：将文本置于尺寸线的下方。

- 【水平】：用来调整标注文字与尺寸线在平行方向的位置。用户可以在此下拉列表框中选择当前的水平对齐位置。此下拉列表框中共有 5 个选项供用户选择，具体如下。

- ◆ 　【居中】：将文本置于延伸线的中间。
- ◆ 　【第一条延伸线】：将标注文字沿尺寸线与第一条延伸线左对正。延伸线与标注文字的距离是箭头大小加上文字间距之和的两倍。
- ◆ 　【第二条延伸线】：将标注文字沿尺寸线与第二条延伸线右对正。延伸线与标注文字的距离是箭头大小加上文字间距之和的两倍。
- ◆ 　【第一条延伸线上方】：沿第一条延伸线放置标注文字或将标注文字放置在第一条延伸线之上。
- ◆ 　【第二条延伸线上方】：沿第二条延伸线放置标注文字或将标注文字放置在第二条延伸线之上。
- ● 　【从尺寸线偏移】：用于调整标注文字与尺寸线之间的距离，即文字间距。此值也可用作尺寸线段所需的最小长度。

另外，只有当生成的线段至少与文字间隔同样长时，才会将文字放置在延伸线内侧。当箭头、标注文字以及页边距有足够的空间容纳文字间距时，才会将尺寸线上方或下方的文字置于内侧。

3）【文字对齐】选项组：用于控制标注文字放在延伸线外边或里边时的方向是保持水平还是与延伸线平行。在此选项组中，AutoCAD 提供了以下 3 项内容供用户设置。

- ● 　【水平】：选中此单选按钮表示无论尺寸标注为何种角度，它的标注文字总是水平的。
- ● 　【与尺寸线对齐】：选中此单选按钮表示尺寸标注为何种角度时，它的标注文字即为何种角度，文字方向总是与尺寸线平行。
- ● 　【ISO 标准】：选中此单选按钮表示标注文字方向遵循 ISO 标准。当文字在延伸线内时，文字与尺寸线对齐；当文字在延伸线外时，文字水平排列。

国家制图标准专门对文字标注做出了规定，其主要内容如下。

字体的号数有 20、14、10、7、8、3.8、2.8 共 7 种，其号数即为字的高度(单位为 mm)。字的宽度约等于字体高度的 2/3。对于汉字，因笔画较多，不宜采用 2.8 号字。

文字中的汉字应采用长仿宋体；拉丁字母分大、小写两种，而这两种字母又可分别写成直体(正体)和斜体形式。斜体字的字头向右侧倾斜，与水平线约成 78°；阿拉伯数字也有直体和斜体两种形式。斜体数字与水平线也成 78°。实际标注中，有时需要将汉字、字母和数字组合起来使用。例如，标注"4-M8 深 18"时，就用到了汉字、字母和数字。

以上简要介绍了国家制图标准对文字标注要求的主要内容。其详细要求请参考相应的国家制图标准。下面介绍如何为 AutoCAD 创建符合国标要求的文字样式。

要创建符合国家要求的文字样式，关键是要有相应的字库。AutoCAD 支持 TRUETYPE 字体，如果用户的计算机中已安装 TRUETYPE 形式的长仿宋体，按前面创建 STHZ 文字样式的方法创建相应文字样式，即可标注出长仿宋体字。此外，用户也可以采用宋体或仿宋体字体作为近似字体，但此时要设置合适的宽度比例。

5. 调整

【调整】选项卡：用来设置标注文字、箭头、引线和尺寸线的放置位置。

单击【新建标注样式】对话框中的【调整】标签，切换到【调整】选项卡，如图 5.33 所示。

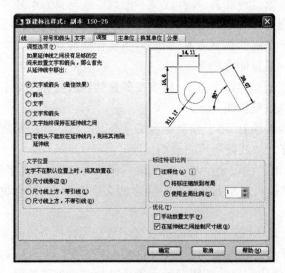

图 5.33 【调整】选项卡

此选项卡中各选项的功能如下。

1)【调整选项】选项组：用于在特殊情况下调整尺寸的某个要素的最佳表现方式。在此选项组中，AutoCAD 提供了以下 6 项内容供用户设置。

- 【文字或箭头(最佳效果)】：选中此单选按钮表示 AutoCAD 会自动选取最佳的效果，当没有足够的空间放置文字和箭头时，AutoCAD 会自动把文字或箭头移出延伸线。
- 【箭头】：选中此单选按钮表示在延伸线之间如果没有足够的空间放置文字和箭头时，将首先把箭头移出延伸线。
- 【文字】：选中此单选按钮表示在延伸线之间如果没有足够的空间放置文字和箭头时，将首先把文字移出延伸线。
- 【文字和箭头】：选中此单选按钮表示在延伸线之间如果没有足够的空间放置文字和箭头时，将会把文字和箭头同时移出延伸线。
- 【文字始终保持在延伸线之间】：选中此单选按钮表示在延伸线之间如果没有足够的空间放置文字和箭头时，文字将始终留在延伸线内。
- 【若箭头不能放在延伸线内，则将其消除延伸线】：启用此复选框表示当文字和箭头在延伸线之间放置不下时，则消除箭头，即不画箭头。图 5.34 所示的 R11.17 的半径标注为选中此复选框的前后对比。

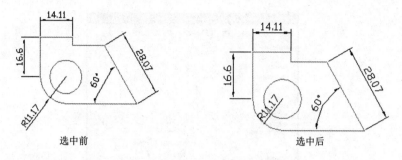

图 5.34　选中【若箭头不能放在延伸线内，则将其消除延伸线】复选框前后的对比

2）【文字位置】选项组：用于设置标注文字从默认位置(由标注样式定义的位置)移动时标注文字的位置。在此选项组中，AutoCAD 提供了以下 3 项内容供用户设置。

- 【尺寸线旁边】：当标注文字不在默认位置时，将文字标注在尺寸线旁。这是默认的选项。
- 【尺寸线上方，带引线】：当标注文字不在默认位置时，将文字标注在尺寸线的上方，并加一条引线。
- 【尺寸线上方，不带引线】：当标注文字不在默认位置时，将文字标注在尺寸线的上方，不加引线。

3）【标注特征比例】选项组：用于设置全局标注比例值或图纸空间比例。在此选项组中，AutoCAD 提供了以下两项内容供用户设置。

- 【使用全局比例】选项组：表示整个图形的尺寸比例，比例值越大表示尺寸标注的字体越大。选中此单选按钮后，可以在其微调框中选择某一个比例或直接在微调框中输入一个数值表示全局的比例。
- 【将标注缩放到布局】：表示以相对于图纸的布局比例来缩放尺寸标注。

4）【优化】选项组：提供用于放置标注文字的其他选项。在此选项组中，AutoCAD 提供了以下两项内容供用户设置。

- 【手动放置文字】：选中此复选框表示每次标注时，总是需要用户设置放置文字的位置；反之，则在标注文字时使用默认设置。
- 【在延伸线之间绘制尺寸线】：选中该复选框表示当延伸线距离比较近时，在界线之间也要绘制尺寸线；反之，则不绘制。

6. 主单位

【主单位】选项卡：用来设置主标注单位的格式和精度，并设置标注文字的前缀和后缀。

单击【新建标注样式】对话框中的【主单位】标签，切换到【主单位】选项卡，如图 5.35 所示。

图 5.35　【主单位】选项卡

此选项卡中各选项的功能如下。

1)【线性标注】选项组：用于设置线性标注的格式和精度。在此选项组中，AutoCAD 提供了以下 7 项内容供用户设置。

- 【单位格式】：设置除角度之外的所有尺寸标注类型的当前单位格式。其中的选项共有 6 项，它们是：【科学】、【小数】、【工程】、【建筑】、【分数】和【Windows 桌面】。

- 【精度】：设置尺寸标注的精度。可以在其下拉列表框中选择某一项作为标注精度。

- 【分数格式】：设置分数的表现格式。此选项只有当【单位格式】选中的是【分数】时才有效，包括【水平】、【对角】、【非堆叠】3 项。

- 【小数分隔符】：设置用于十进制格式的分隔符。此选项只有当【单位格式】选中的是【小数】时才有效，包括"."(句点)、","(逗点)和" "(空格)3 项。

- 【舍入】：设置四舍五入的位数及具体数值。可以在其微调框中直接输入相应的数值来设置。如果输入 0.28，则所有标注距离都以 0.28 为单位进行舍入；如果输入 1.0，则所有标注距离都将舍入为最接近的整数。小数点后显示的位数取决于【精度】设置。

- 【前缀】：在此文本框中可以为标注文字输入一定的前缀，可以输入文字或使用控制代码显示特殊符号。如图 5.36 所示，在【前缀】文本框中输入%%C 后，标注文字前加表示直径的前缀"ϕ"号。

- 【后缀】：在此文本框中可以为标注文字输入一定的后缀，可以输入文字或使用控制代码显示特殊符号。如图 5.37 所示，在【后缀】文本框中输入 cm 后，标注文字后加后缀 cm。

图 5.36　加入前缀%%C 的尺寸标注　　　图 5.37　加入后缀 cm 的尺寸标注

当输入前缀或后缀时，输入的前缀或后缀将覆盖在直径和半径等标注中使用的任何默认前缀或后缀。如果指定了公差，则前缀或后缀将添加到公差和主标注中。

2）【测量单位比例】选项组：定义线性比例选项，主要应用于传统图形。

用户可以通过在【比例因子】微调框中输入相应的数字表示设置比例因子。但是建议不要更改此值的默认值 1.00。例如，如果输入 2，则 1 英寸直线的尺寸将显示为 2 英寸。该值不应用到角度标注，也不应用到舍入值或者正负公差值。

也可以选中【仅应用到布局标注】复选框或取消选中使设置应用到整个图形文件中。

3）【消零】选项组：用来控制不输出前导零、后续零以及零英尺、零英寸部分，即在标注文字中不显示前导零、后续零以及零英尺、零英寸部分。

4）【角度标注】选项组：用于显示和设置角度标注的当前角度格式。在此选项组中，AutoCAD 提供了以下两项内容供用户设置。

- 【单位格式】：设置角度单位格式。其中的选项共有 4 项，分别是：【十进制度数】、【度/分/秒】、【百分度】和【弧度】。
- 【精度】：设置角度标注的精度。可以在其下拉列表框中选择某一项作为标注精度。

5）【消零】选项组：用来控制不输出前导零、后续零，即在标注文字中不显示前导零、后续零。

7. 换算单位

【换算单位】选项卡：用来设置标注测量值中换算单位的显示并设置其格式和精度。

单击【新建标注样式】对话框中的【换算单位】标签，切换到【换算单位】选项卡，如图 5.38 所示。

图 5.38　【换算单位】选项卡

此选项卡中各选项的功能如下。

1)【显示换算单位】复选框：用于向标注文字添加换算测量单位。只有选中此复选框时，【换算单位】选项卡的所有选项才有效；否则即无效，即在尺寸标注中换算单位无效。

2)【换算单位】选项组：用于显示和设置角度标注的当前角度格式。在此选项组中，AutoCAD 提供了以下 6 项内容供用户设置。

- 【单位格式】：设置换算单位格式。此项与主单位的单位格式设置相同。
- 【精度】：设置换算单位的尺寸精度。此项也与主单位的精度设置相同。
- 【换算单位倍数】：设置换算单位之间的比例，用户可以指定一个乘数，作为主单位和换算单位之间的换算因子使用。例如，要将英寸转换为毫米，则输入 23.4。此值对角度标注没有影响，而且不会应用于舍入值或者正、负公差值。
- 【舍入精度】：设置四舍五入的位数及具体数值。如果输入 0.28，则所有标注测量值都以 0.28 为单位进行舍入；如果输入 1.0，则所有标注测量值都将舍入为最接近的整数。小数点后显示的位数取决于【精度】设置。
- 【前缀】：在此文本框中可以为尺寸换算单位输入一定的前缀，可以输入文字或使用控制代码显示特殊符号。如图 5.39 所示，在【前缀】文本框中输入%%C后，换算单位前加表示直径的前缀"ϕ"号。
- 【后缀】：在此文本框中用户可以为尺寸换算单位输入一定的后缀，可以输入文字或使用控制代码显示特殊符号。如图 5.40 所示，在【后缀】文本框中输入 cm 后，换算单位后加后缀 cm。

图 5.39　加入前缀的换算单位示意图　　　　　图 5.40　加入后缀的换算单位示意图

3)【消零】选项组：用来控制不输出前导零、后续零以及零英尺、零英寸部分，即在换算单位中不显示前导零、后续零以及零英尺、零英寸部分。

4)【位置】选项组：用于设置标注文字中换算单位的放置位置。在此选项组中，有以下两个单选按钮。

- 【主值后】：选中此单选按钮表示将换算单位放在标注文字中的主单位之后。
- 【主值下】：选中此单选按钮表示将换算单位放在标注文字中的主单位下面。

图 5.41 所示为换算单位放置在主单位之后和主单位下面的尺寸标注对比。

将换算单位放置在主单位之后的尺寸标注   将换算单位放置在主单位下面的尺寸标注

图 5.41 换算单位放置在主单位之后和主单位下面的尺寸标注

8. 公差

【公差】选项卡：用来设置公差格式及换算公差等。

单击【新建标注样式】对话框中的【公差】标签，切换到【公差】选项卡，如图 5.42 所示。

此选项卡中各选项的功能如下。

1)【公差格式】选项组：用于设置标注文字中公差的格式及显示。在此选项组中，AutoCAD 提供了以下 6 项内容供用户设置。

- 【方式】：设置公差格式。可以在其下拉列表框中选择其一作为公差的标注格式。其中的选项共有 5 项，分别是【无】、【对称】、【极限偏差】、【极限尺寸】和【基本尺寸】。
    - 【无】：不添加公差。
    - 【对称】：添加公差的正/负表达式，其中一个偏差量的值应用于标注测量值。标注后面将显示加号或减号。在【上偏差】中输入公差值。

图 5.42 【公差】选项卡

- 【极限偏差】：添加正/负公差表达式。不同的正公差值和负公差值将应用于标注测量值。在【上偏差】中输入的公差值前面将显示正号(+)。在【下偏差】中输入的公差值前面将显示负号(−)。

◆ 【极限尺寸】：创建极限标注。在此类标注中，将显示一个最大值和一个最小值，一个在上，另一个在下。最大值等于标注值加上在【上偏差】中输入的值。最小值等于标注值减去在【下偏差】中输入的值。

◆ 【基本尺寸】：创建基本标注，这将在整个标注范围的周围显示一个框。

● 【精度】：设置公差的小数位数。

● 【上偏差】：设置最大公差或上偏差。如果在【方式】中选择"对称"，则此项数值将用于公差。

● 【下偏差】：设置最小公差或下偏差。

● 【高度比例】：设置公差文字的当前高度。

● 【垂直位置】：设置对称公差和极限公差的文字对正。

2）【消零】选项组：用来控制不输出前导零、后续零以及零英尺、零英寸部分，即在公差中不显示前导零、后续零以及零英尺、零英寸部分。

3）【换算单位公差】选项组：用于设置换算公差单位的格式。在此选项组中的【精度】、【消零】的设置与前面的设置相同。

设置各选项后，单击任一选项卡中的【确定】按钮，然后单击【标注样式管理器】对话框中的【关闭】按钮即完成设置。

5.2.2　标注尺寸

尺寸标注是图形设计中基本的设计步骤和过程，它随图形的多样性而有多种不同的标注。AutoCAD 提供了多种标注类型，包括线性尺寸标注、对齐尺寸标注等，通过了解这些尺寸标注，可以灵活地给图形添加尺寸标注。下面就来介绍 AutoCAD 2014 的尺寸标注方法和规则。

1. 线性尺寸标注

线性尺寸标注用来标注图形的水平尺寸、垂直尺寸，如图 5.43 所示。

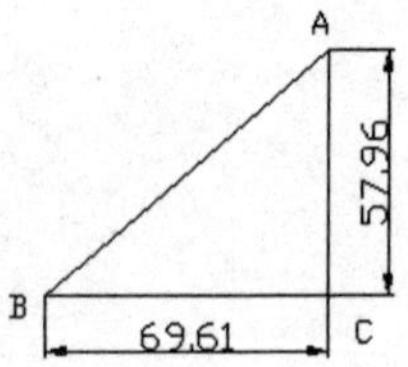

创建线性尺寸标注有以下 3 种方法。

● 在菜单栏中，选择【标注】|【线性】命令。

● 在命令行中输入 Dimlinear 后按 Enter 键。

● 单击【标注】面板中的【线性】按钮 。

执行上述任一操作后，命令行提示如下。

图 5.43　线性尺寸标注

```
命令：_dimlinear
指定第一条延伸线原点或 <选择对象>：        //选择 A 点后单击
指定第二条延伸线原点：                    //选择 C 点后单击
指定尺寸线位置或[多行文字(M)/文字(T)/角度(A)/水平(H)/垂直(V)/旋转(R)]：标
注文字 = 57.96
                                //按住鼠标左键不放拖动尺寸线移动到合适的
位置后单击
```

以上命令行提示选项的解释如下。

【多行文字】：可以在标注的同时输入多行文字。

【文字】：只能输入一行文字。

【角度】：输入标注文字的旋转角度。

【水平】：标注水平方向距离尺寸。

【垂直】：标注垂直方向距离尺寸。

【旋转】：输入尺寸线的旋转角度。

在 AutoCAD 标注文字时，有很多特殊的字符和标注，这些特殊字符和标注由控制字符来实现。AutoCAD 的特殊字符及其对应的控制字符如表 5.2 所示。

表 5.2 特殊字符及其对应的控制字符表

特殊符号或标注	控制字符	示 例
圆直径标注符号(ϕ)	%%c	ϕ 48
百分号	%%%	%30
正/负公差符号(±)	%%c	20±0.8
度符号(º)	%%d	48 º
字符数 nnn	%%nnn	Abc
加上划线	%%o	$\overline{123}$
加下划线	%%u	<u>123</u>

2. 对齐尺寸标注

对齐尺寸标注是指标注两点间的距离，标注的尺寸线平行于两点间的连线。图 5.44 所示为线性尺寸标注与对齐尺寸标注的区别。

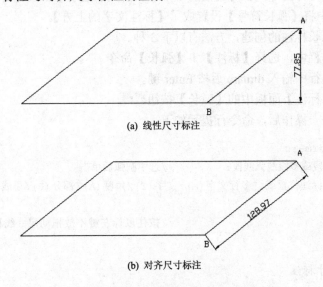

(a) 线性尺寸标注

(b) 对齐尺寸标注

图 5.44 线性尺寸标注与对齐尺寸标注的对比

创建对齐尺寸标注有以下 3 种方法。

- 在菜单栏中，选择【标注】|【对齐】命令。
- 在命令行中输入 Dimaligned 后按 Enter 键。
- 单击【标注】面板中的【对齐】按钮。

执行上述任一操作后，命令行提示如下。

```
命令：_dimaligned
指定第一条延伸线原点或 <选择对象>：     //选择 A 点后单击
指定第二条延伸线原点：                 //选择 B 点后单击
指定尺寸线位置或[多行文字(M)/文字(T)/角度(A)]：标注文字 = 123.97
                      //按住鼠标左键不放拖动尺寸线移动到合适的
位置后单击
```

3. 弧长尺寸标注

弧长尺寸标注：用来测量和显示圆弧的长度，如图 5.45 所示。

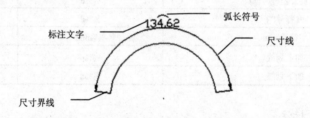

标注文字   弧长符号   134.62   尺寸线   尺寸界线

图 5.45　弧长尺寸标注

首先必须在【标注样式】对话框的【符号和箭头】选项卡中设置【弧长符号】的样式，在图 3-67 中将【弧长符号】设置成了【标注文字的上方】。

然后进行弧长标注的创建，方法有以下 3 种。

- 在菜单栏中，选择【标注】|【弧长】命令。
- 在命令行中输入 dimarc 后按 Enter 键。
- 单击【标注】面板中的【弧长】按钮。

执行上述任一操作后，命令行提示如下。

```
命令：_dimarc
选择弧线段或多段线弧线段：          //选中圆弧后单击
指定弧长标注位置或 [多行文字(M)/文字(T)/角度(A)/部分(P)/引线(L)]：标注文字
= 134.62
                      //按住鼠标左键不放拖动尺寸线移动到合适的位置
后单击
```

4. 坐标尺寸标注

坐标尺寸标注用来标注指定点到用户坐标系(UCS)原点的坐标方向距离。如图

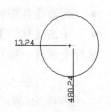

5.46 所示，圆心沿横向坐标方向的坐标距离为 13.24，圆
心沿纵向坐标方向的坐标距离为 480.24。

　　创建坐标尺寸标注有以下 3 种方法。

- 在菜单栏中，选择【标注】|【坐标】命令。
- 在命令行中输入 dimordinate 后按 Enter 键。
- 单击【标注】面板中的【坐标】按钮 。

执行上述任一操作后，命令行提示如下。

图 5.46　坐标尺寸标注

```
命令：_dimordinate
指定点坐标：　　　　　　　　//选择圆心后单击
指定引线端点或 [X 基准(X)/Y 基准(Y)/多行文字(M)/文字(T)/角度(A)]：标注文字
= 13.24　　　　　　　　　　//拖动鼠标确定引线端点至合适位置后单击
```

5. 半径尺寸标注

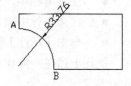

半径尺寸标注用来标注圆或圆弧的半径，如图 5.47 所示。
创建半径尺寸标注有以下 3 种方法。

- 在菜单栏中，选择【标注】|【半径】命令。
- 在命令行中输入 dimradius 后按 Enter 键。
- 单击【标注】面板中的【半径】按钮 。

执行上述任一操作后，命令行提示如下。

图 5.47　半径尺寸标注

```
命令：_dimradius
选择圆弧或圆：　　　　　　　　　　　　　　　　　//选择圆弧 AB 后单击
标注文字 = 33.76
指定尺寸线位置或 [多行文字(M)/文字(T)/角度(A)]：//移动尺寸线至合适位置后单击
```

6. 折弯半径尺寸标注

　　当圆弧或圆的圆心位于图形边界之外时，可以使用折弯半径尺寸标注测量并显示其
半径，如图 5.48 所示。

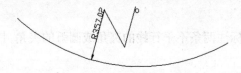

图 5.48　折弯半径尺寸标注

　　首先用户必须在【标注样式】对话框的【符号和箭头】选项卡中设置【标注半径折
弯】的折弯角度，在图 5.48 中将【标注半径折弯】的折弯角度设置成了 48°。

　　然后进行折弯半径标注的创建，方法有以下 3 种。

- 在菜单栏中，选择【标注】|【折弯】命令。

● 在命令行中输入 dimjogged 后按 Enter 键。

● 单击【标注】面板中的【折弯】按钮。

执行上述任一操作后，命令行提示如下。

```
命令: _dimjogged
选择圆弧或圆:                                          //选择圆弧后单击
指定中心位置替代:                                       //选择中心位置 O 点后单击
标注文字 = 387.02
指定尺寸线位置或 [多行文字(M)/文字(T)/角度(A)]:          //移动尺寸线至合适位置
指定折弯位置:                                          //选择折弯位置后单击
```

7. 直径尺寸标注

直径尺寸标注用来标注圆的直径，如图 5.49 所示。

创建直径尺寸标注有以下 3 种方法。

● 在菜单栏中，选择【标注】|【直径】命令。

● 在命令行中输入 dimdiameter 后按 Enter 键。

● 单击【标注】面板中的【直径】按钮。

执行上述任一操作后，命令行提示如下。

```
命令: _dimdiameter
选择圆弧或圆:                                          //选择圆后单击
标注文字 = 200
指定尺寸线位置或 [多行文字(M)/文字(T)/角度(A)]://移动尺寸线至合适位置后单击
```

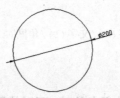

图 5.49　直径尺寸标注

8. 角度尺寸标注

角度尺寸标注用来标注两条不平行线的夹角或圆弧的夹角。图 5.50 所示为不同图形的角度尺寸标注。

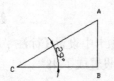

（a）选择两条直线的角度尺寸标注　　　（b）选择圆弧的角度尺寸标注　　　（c）选择圆的角度尺寸标注

图 5.50　角度尺寸标注

创建角度尺寸标注有以下 3 种方法。

- 在菜单栏中，选择【标注】|【角度】命令。
- 在命令行中输入 dimangular 后按 Enter 键。
- 单击【标注】面板中的【角度】按钮 △角度 。

如果选择直线，执行上述任一操作后，命令行提示如下。

```
命令: _dimangular
选择圆弧、圆、直线或 <指定顶点>:                    //选择直线 AC 后单击
选择第二条直线:                                    //选择直线 BC 后单击
指定标注弧线位置或 [多行文字(M)/文字(T)/角度(A)]:   //选择标注位置后单击
标注文字 = 29
```

如果选择圆弧，执行上述任一操作后，命令行提示如下。

```
命令: _dimangular
选择圆弧、圆、直线或 <指定顶点>:                    //选择圆弧 ⌢AB 后单击
指定标注弧线位置或 [多行文字(M)/文字(T)/角度(A)]:   //选择标注位置后单击
标注文字 = 157
```

如果选择圆，执行上述任一操作后，命令行提示如下。

```
命令: _dimangular
选择圆弧、圆、直线或 <指定顶点>:                    //选择圆 O 并指定 A 点后
单击
指定角的第二个端点:                                //选择 B 点后单击
指定标注弧线位置或 [多行文字(M)/文字(T)/角度(A)]:   //选择标注位置后单击
标注文字 = 129
```

9. 基线尺寸标注

基线尺寸标注用来标注以同一基准为起点的一组相关尺寸，如图 5.51 所示。

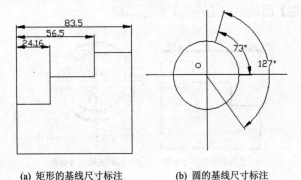

(a) 矩形的基线尺寸标注　　　　(b) 圆的基线尺寸标注

图 5.51　基线尺寸标注

创建基线尺寸标注有以下 3 种方法。

- 在菜单栏中，选择【标注】|【基线】命令。

- 在命令行中输入 dimbaseline 后按 Enter 键。
- 单击【标注】面板中的【基线】按钮□ 基线。

如果当前任务中未创建任何标注，执行上述任一操作后，系统将提示用户选择线性标注、坐标标注或角度标注，以用作基线标注的基准。命令行提示如下。

选择基准标注：//选择线性标注(图 5.51 中线性标注为 24.16)、坐标标注或角度标注(图 5.51 中角度标注为 73)

否则，系统将跳过该提示，并使用上次在当前任务中创建的标注对象。如果基准标注是线性标注或角度标注，将显示下列提示。

命令：_dimbaseline
指定第二条延伸线原点或 [放弃(U)/选择(S)] <选择>： //选择第二条延伸线原点后单击或按 Enter 键
标注文字 = 56.5(图 5.51 中的标注)或 127(图 5.51 中圆的标注)
指定第二条延伸线原点或 [放弃(U)/选择(S)] <选择>： //选择第三条延伸线原点后按 Enter 键
标注文字 = 83.5(图 5.51 中的标注)

如果基准标注是坐标标注，将显示下列提示。

指定点坐标或 [放弃(U)/选择(S)] <选择>：

10. 连续尺寸标注

连续尺寸标注用来标注一组连续相关尺寸，即前一尺寸标注是后一尺寸标注的基准，如图 5.52 所示。

创建连续尺寸标注有以下 3 种方法。

- 在菜单栏中，选择【标注】|【连续】命令。
- 在命令行中输入 dimcontinue 后按 Enter 键。
- 单击【标注】面板中的【连续】按钮┼┼ 连续。

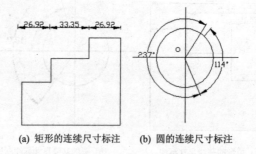

(a) 矩形的连续尺寸标注　　(b) 圆的连续尺寸标注

图 5.52　连续尺寸标注

如果当前任务中未创建任何标注，执行上述任一操作后，系统将提示用户选择线性标注、坐标标注或角度标注，以用作连续标注的基准。命令行提示如下。

选择连续标注: //选择线性标注(图 5.52 中线性标注为 26.92)、坐标标注或角度标注(图 5.52 中角度标注为 114)

否则,系统将跳过该提示,并使用上次在当前任务中创建的标注对象。如果基准标注是线性标注或角度标注,将显示下列提示。

命令: _dimcontinue
指定第二条延伸线原点或 [放弃(U)/选择(S)] <选择>: //选择第二条延伸线原点后单击或按 Enter 键
标注文字 = 33.35(图 5.52 中的矩形标注)或 237(图 5.52 中圆的标注)
指定第二条延伸线原点或 [放弃(U)/选择(S)] <选择>: //选择第三条延伸线原点后按 Enter 键
标注文字 = 26.92(图 5.52 中的矩形标注)

如果基准标注是坐标标注,将显示下列提示。

指定点坐标或 [放弃(U)/选择(S)] <选择>:

11. 引线尺寸标注

引线尺寸标注是从图形上的指定点引出连续的引线,用户可以在引线上输入标注文字,如图 5.53 所示。

创建引线尺寸标注的方法:在命令行中输入 qleader 后按 Enter 键。

命令行提示如下。

命令: _qleader
指定第一个引线点或 [设置(S)] <设置>:　　　　　//选择第一个引线点
指定下一点:　　　　　　　　　　　　　　　//选择第二个引线点
指定下一点:
指定文字宽度 <0>:8　　　　　　　　　　　//输入文字宽度 8
输入注释文字的第一行 <多行文字(M)>: R0.25　//输入注释文字 R0.25 后,连续两次按 Enter 键

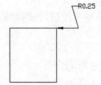

图 5.53　引线尺寸标注

若用户执行"设置"操作,即在命令行中输入 S。此时命令行提示如下。

命令: _qleader
指定第一个引线点或 [设置(S)] <设置>: S　　　　//输入 S 后按 Enter 键

此时将打开【引线设置】对话框,如图 5.54 所示。在其中的【注释】选项卡中可以

设置引线注释类型、指定多行文字选项，并指明是否需要重复使用注释；在【引线和箭头】选项卡中可以设置引线和箭头格式；在【附着】选项卡中可以设置引线和多行文字注释的附着位置(只有在【注释】选项卡上选择【多行文字】时，此选项卡才可用)。

12. 快速尺寸标注

快速尺寸标注用来标注一系列图形对象，如为一系列圆进行标注，如图 5.55 所示。

图 5.54　【引线设置】对话框

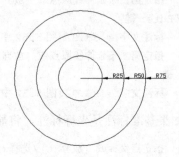

图 5.55　快速尺寸标注

创建快速尺寸标注有以下 3 种方法。

● 　在菜单栏中，选择【标注】|【快速标注】命令。

● 　在命令行中输入 qdim 后按 Enter 键。

● 　单击【标注】面板中的【快速标注】按钮。

执行上述任一操作后，命令行提示如下。

```
命令：_qdim
关联标注优先级 = 端点
选择要标注的几何图形：找到 1 个
选择要标注的几何图形：找到 1 个，总计 2 个
选择要标注的几何图形：找到 1 个，总计 3 个
选择要标注的几何图形：
指定尺寸线位置或 [连续(C)/并列(S)/基线(B)/坐标(O)/半径(R)/直径(D)/基准点
(P)/编辑(E)/设置(T)]
<半径>：            //标注一系列半径型尺寸标注并移动尺寸线至合适位置后单击
```

命令行中各选项的含义如下。

【连续】：标注一系列连续型尺寸标注。

【并列】：标注一系列并列型尺寸标注。

【基线】：标注一系列基线型尺寸标注。

【坐标】：标注一系列坐标型尺寸标注。

【半径】：标注一系列半径型尺寸标注。

【直径】：标注一系列直径型尺寸标注。

【基准点】：为基线和坐标标注设置新的基准点。

【编辑】：编辑标注。

【设置】：确定尺寸线的位置。

13. 圆心标记

圆心标记用来绘制圆或者圆弧的圆心十字型标记或是中心线。

如果既需要绘制十字型标记又需要绘制中心线，则首先必须在【标注样式】对话框的【符号和箭头】选项卡中选择【圆心标记】为【直线】选项，并在【大小】微调框中输入相应的数值来设定圆心标记的大小(若只需要绘制十字型标记则选择【圆心标记】为【标记】选项)，如图 5.56 所示。

然后进行圆心标记的创建，方法有以下 3 种。

● 在菜单栏中，选择【标注】|【圆心标记】命令。
● 在命令行中输入 dimcenter 后按 Enter 键。
● 单击【标注】面板中的【圆心标记】按钮 ⊙。

执行上述任一操作后，命令行提示如下。

```
命令: _dimcenter
选择圆弧或圆:                //选择圆或圆弧后单击
```

14. 多重引线标注

在标注厚度和标明零件序号时，需要使用引线标注。【注释】选项卡中的【引线】面板如图 5.57 所示。

图 5.56   圆心标记   图 5.57   【引线】面板

（1）认识多重引线样式管理器

打开【多重引线样式管理器】对话框有两种方法。

● 在菜单栏中，选择【格式】|【多重引线样式】命令。
● 单击【多重引线】面板中的【多重引线样式管理器】按钮 ⌐。

执行上述任一操作后，打开如图 5.58 所示的【多重引线样式管理器】对话框。

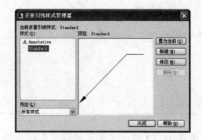

图 5.58   【多重引线样式管理器】对话框

其中各选项的功能如下。

【样式】列表框：显示多重引线列表，当前样式亮显。

【列出】下拉列表框：控制【样式】列表的内容。单击【所有样式】命令，可显示图形中可用的所有多重引线样式。选择【正在使用的样式】选项，仅显示被当前图形中的多重引线参照的多重引线样式。

【预览】框：显示【样式】列表框中选择样式的预览图像。

【置为当前】按钮：将【样式】列表中选择的多重引线样式设置为当前样式。所有新的多重引线都将使用此多重引线样式进行创建。

【新建】按钮：显示【创建新多重引线样式】对话框，从中可以定义新多重引线样式。

【修改】按钮：显示【修改多重引线样式】对话框，从中可以修改多重引线样式。

【删除】按钮：删除【样式】列表框中选择的多重引线样式。不能删除图形中正在使用的样式。

（2）创建新的多重引线标注样式

单击【多重引线样式管理器】对话框中的【新建】按钮，打开【创建新多重引线样式】对话框，如图 5.59 所示。

图 5.59　【创建新多重引线样式】对话框

在【新样式名】文本框中输入标注样式名称。在【基础样式】下拉列表中选择新样式的应用范围，并启用【注释性】复选框。

单击【继续】按钮，将打开【修改多重引线样式】对话框，如图 5.60 所示。

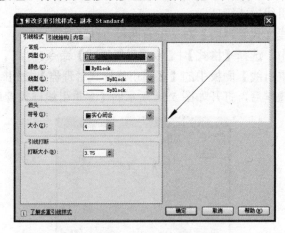

图 5.60　【修改多重引线样式】对话框

（3）修改多重引线样式

在【修改多重引线样式】对话框中有 3 个选项卡，利用这 3 个选项卡，可以设置不同的多重引线标注样式，从而得到不同外观形式的多重引线标注。

【引线格式】选项卡的设置如图 5.60 所示。其中各选项的功能如下。

- 【常规】选项组：用来控制多重引线的基本外观。其中共有 4 个操作选项，下面分别说明。

    【类型】：确定引线类型。可以选择指引线、样条曲线或无引线。

    【颜色】：可选择一种作为引线的颜色，通常选用【随层】特性。

    【线型】：可选择一种作为引线的线型，通常选用【随层】特性。

    【线宽】：可选择一种作为尺寸线的线宽，通常选用【随层】特性。

- 【箭头】选项组：用来控制多重引线箭头的外观。

    【符号】：设置多重引线的箭头符号，选择所需要的引线箭头或选择【用户箭头】。通常选用【实心闭合】。

    【大小】：显示和设置箭头的大小，按照制图标准通常设置为 3~4。

- 【引线打断】选项组：用来控制将折断标注添加到多重引线时使用的设置。

    【打断大小】：显示和设置选择多重引线后用于 dimbreak 命令的折断大小。

    【引线结构】选项卡的设置如图 5.61 所示。其中各选项的功能如下。

- 【约束】选项组：用来控制多重引线的约束。其中共有 3 个操作选项，下面分别说明。

    【最大引线点数】：指定引线的最大点数。

    【第一段角度】：指定引线中的第一个点的角度。

    【第二段角度】：指定多重引线基线中的第二个点的角度。

- 【基线设置】选项组：用来控制多重引线的基线设置。其中共有两个操作选项，下面分别说明。

    【自动包含基线】：将水平基线添加到多重引线之中。

    【设置基线距离】：为多重引线基线确定固定距离。

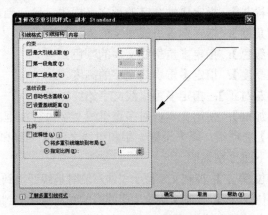

图 5.61　【引线结构】选项卡

- 【比例】选项组：用来控制多重引线的缩放。其中共有 3 个操作选项，下面分别说明。

- ◆ 【注释性】：指定多重引线为注释性。如果多重引线为非注释性，则以下选项可用。
- ◆ 【将多重引线缩放到布局】：根据模型空间视口中的缩放比例确定多重引线的比例因子。
- ◆ 【指定比例】：指定多重引线的缩放比例。

【内容】选项卡的设置如图 5.62 所示。其中各选项的功能如下。

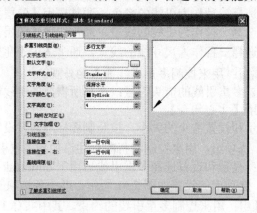

图 5.62   【内容】选项卡

- ● 【多重引线类型】下拉列表框：确定多重引线是包含文字还是包含块。如果多重引线类型为【多行文字】，则下列选项可用。
- ● 【文字选项】选项组：用来控制多重引线文字的外观。其中共有 7 个操作选项，下面分别说明。
  - ◆ 【默认文字】：为多重引线内容设置默认文字。单击 ⬚⬚⬚ 按钮将启动多行文字在位编辑器。
  - ◆ 【文字样式】：指定属性文字的预定义样式。显示当前加载的文字样式。
  - ◆ 【文字角度】：指定多重引线文字的旋转角度。
  - ◆ 【文字颜色】：指定多重引线文字的颜色。
  - ◆ 【文字高度】：指定多重引线文字的高度。
  - ◆ 【始终左对正】：指定多重引线文字始终左对齐。
  - ◆ 【文字加框】：使用文本框对多重引线文字内容加框。
- ● 【引线连接】选项组：用来设置文字和引线之间的位置和距离，其中共有 3 个操作选项，下面分别说明。
  - ◆ 【连接位置-左】：控制文字位于引线左侧时基线连接到多重引线文字的方式。
  - ◆ 【连接位置-右】：控制文字位于引线右侧时基线连接到多重引线文字的方式。

【基线间隙】：指定基线和多重引线文字之间的距离。

项目 6　绘制电动机控制系统接线图

项目任务

本工作任务是根据原理图绘制接线图，在绘制原理图前应对原理图的节点进行编号。方法一是采用"0"和自然数的标注方法，继电器线圈和指示灯等的下方连线用"0"标注，继电器线圈和指示灯的上方的节点用连续的自然数标注；方法二是采用自然数的标注方法，继电器线圈和指示灯的上方节点用连续奇数标注，继电器和指示灯下方的节点用连续的偶数标注。

任务 1：正反转控制系统接线图

采用"0"和自然数标注节点的正反转电路如图 6.1 所示。

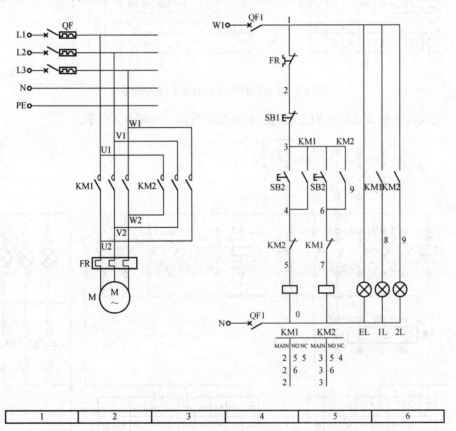

图 6.1　采用"0"和自然数标注节点的正反转电路

完成接线的正反转控制系统的主电路接线图，如图 6.2 所示。

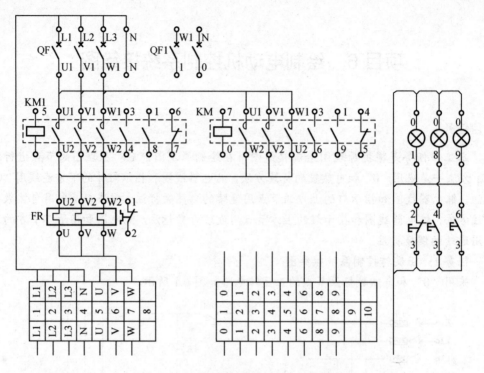

图 6.2 正反转控制系统的主电路接线图

完成接线的正反转控制系统的控制电路接线图，如图 6.3 所示。

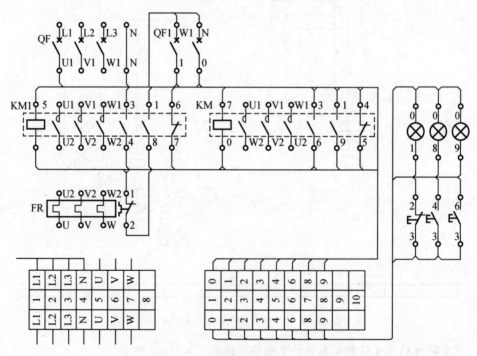

图 6.3 正反转控制系统的控制电路接线图

任务 2：电动机星三角起动系统接线图

采用奇数和偶数标注节点的星三角起动电路如图 6.4 所示。

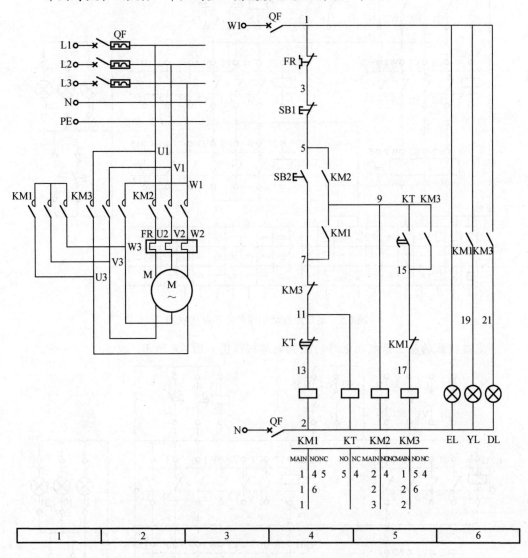

图 6.4　采用奇数和偶数标注节点的星三角起动电路

完成接线的星三角起动电路的主电路接线图如图 6.5 所示。

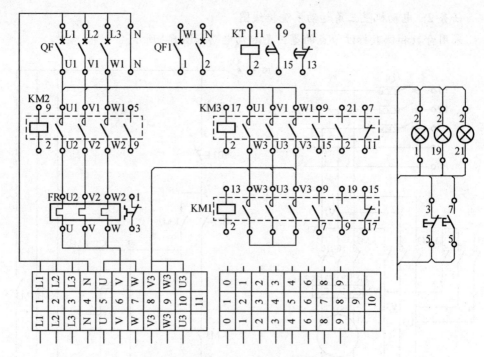

图 6.5　星三角起动电路的主电路接线图

完成接线的星三角起动电路的控制电路接线图如图 6.6 所示。

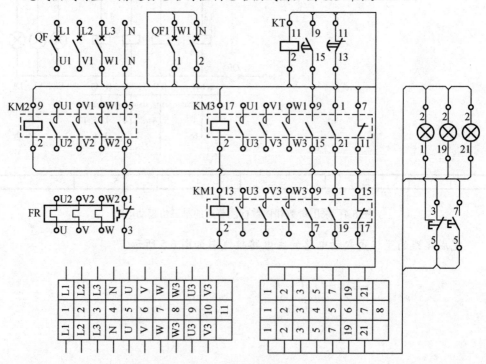

图 6.6　星三角起动电路的控制电路接线图

6.1　相关知识：绘制接线图工具

6.1.1　绘制设备工具

1. 节点标注

节点标注分为主电路节点标注和控制电路节点标注，主电路标注的方法：最后一组断路器之前用电源的标注方法；第一个接触器前端开始用 U、V、W 标注，遇电路器件符号后序号加一。控制电路标注方法：在控制电路的断路器后面采用"0"和自然数标注节点的方法，如图 6.1 所示，或采用奇数和偶数标注的方法，如图 6.4 所示。

2. 设备绘制及端子标号

设备绘制方法是将一个设备按照线圈、主触点、辅助动合触点和辅助动断触点的顺序，按照均匀的间距，用虚线框将每个元件框住，表示一个整体，最后进行端子标注。端子标注的方法是，选取<原理图>→<端子标注>命令，一个一个地单击同一行的端子，单击一行的最后一个后按 Enter 键或右击，命令行提示如下：

> 请输入端子标注：

输入完一个标注的符号后按 Enter 键，然后再输入下一个，直至标注结束。

3. 虚线框

菜单： <强电系统>→<虚线框> ▦
功能： 在系统图或电路图中绘制虚线框。
选取本命令后，屏幕命令行提示如下：

> 请点取虚线框的一个角点<退出>：

点取一点后，命令行提示如下：

> 再点取其对角点<退出>：

点取对角点后，系统在"虚线"层上绘制一个方框，如图 6.7 所示。在系统图或电路图中有时需要绘制这样的虚线框圈定一部分线路。

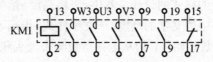

图 6.7　绘虚线框示例

4. 虚实变换

菜单： <绘图工具>→<虚实变换> ▨

功能：使线型在虚线与实线之间进行切换。

选取本命令后，命令行提示如下：

　　请选择要变换的图元<退出>

在平面图中选择要转变线型的图元（LINE 线、PLINE 线、曲线等），如果选的是虚线，确定后变为实线；如果所选线型是实线，命令行接着提示：

　　请输入线型{1:虚线　2:点划线　3:双点划线　4:三点划线}<虚线>

用户可由命令行提示输入 1、2、3、4 选择要将实线转变成的线型，如果右击则默认将实线转变成普通虚线。

6.1.2　绘制及编辑端子排工具

1．端子表

菜单：<原理图>→<端子表> ▦

功能：从原理图库选取标准图插入。

选取本命令后，弹出<端子表设计>对话框，如图 6.8 所示。此对话框用于设定端子表的形式，对话框中各项用法如下：

<形式>：在其中有<三列>、<四列>一对单选按钮，通过选择端子表的列数可以决定绘出的端子表列数形式（如图 6.9 所示为四列端子表）。

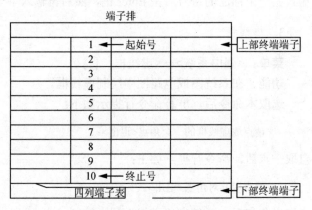

图 6.8　<端子表设计>对话框　　　　　　　　图 6.9　生成电子表示例

<样式>：对端子表格的样式的设计，其中<表格高度>指生成的端子表的表格间距，<文字高度>指端子表表格中的文字的高度，<文字样式>指端子表中文字的样式。

<起始号>：端子表列数起始号，指从上往下数除去表头和上部终端端子行的第一列的起始数字。

<终止号>：端子表列数终止号，指从下往上数除去下部终端端子行的那列的数字。<终止号>和<起始号>的数值之差决定了整个端子表的列数。

<终端端子>：包括了<上>、<下>两个复选框，由用户选择是否在端子表中加入上

部终端端子行或下部终端端子行。

在<端子表设计>对话框中设置好端子表的各项参数后,单击<确定>按钮,对话框消失,命令行提示如下:

点取表格左上角位置　或 {参考点<R>}<退出> :

在屏幕上点取某一点后端子表自动绘制到图中(图6.9)。

程序生成的端子表为空表,内容由用户手工填写(可用表格填写功能)。

2. 端板接线

菜单:<原理图>→<端板接线>　

功能:在端子表的各端子处引出导线。

综合旧版多个命令<短接两个端子>、<试验端子>、<连接型试验端子>、<联络端子>、<接地端子>、<端板引线>、<增加接线>,在绘制好端子表的各端子处引出引线或在端子上连接各种端子。

在菜单上选取本命令后,弹出如图6.10所示的<端子排-接线>对话框,在本对话框中提供了各种端子接线和引出线的形式,用户可以选中需要的端子和引线形式后,再在所绘制的端子表中进行绘制端子和引线的操作。

图 6.10　<端子排-接线>对话框

下面说明<端子排-接线>对话框中各个端子或引线:

<短接两个端子>:指在两个端子之间连接导线使之短接,所绘制的形式如图 6.11 所示。

单击<短接两个端子>图标后,命令行提示如下:

点取第一个单元格:

在要短接的起始行上点一下(只能在第一列或最后一列选择),接着命令行提示如下:

点取最后一个单元格:

在要短接的终止行上点一下(只能在第一列或最后一列选择)。

<联络端子>:在每相邻的两行之间插入联络端子,所绘制的形式如图 6.11 所示。

单击<联络端子>图标后,命令行提示如下:

点取第一个单元格:

在要绘制联络端子的起始行上点一下,接着命令行提示如下:

点取最后一个单元格：

在要绘制联络端子的终止行上点一下。

　　<试验端子>：在点取的一行内插入试验端子，所绘制的形式如图 6.11 所示。操作同<联络端子>。

　　<连接型试验端子>：在点取的一行内插入试验端子和每相邻的两行之间插入联络端子，所绘制的形式如图 6.11 所示。操作同<联络端子>。

　　<接地端子>：在端子表插入接地端子，所绘制的形式如图 6.11 所示。

　　单击<接地端子>图标后，命令行提示如下：

　　　　点取第一个单元格：

在要绘制联络接地端子的单元格上点一下。

　　<端板引线>：在端子表上所选端子侧引出出线电缆，所绘制的形式如图 6.11 所示。

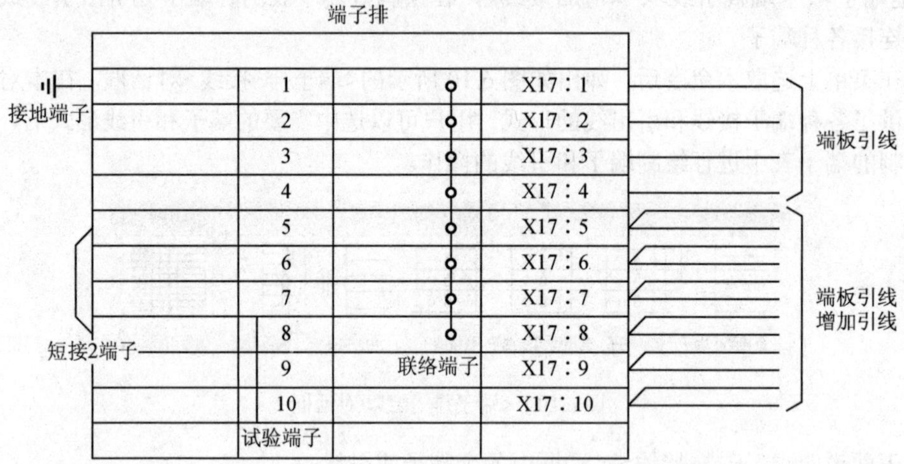

图 6.11　端子排接线示例

　　单击<端板引线>图标后，命令行提示如下：

　　　　点取第一个单元格：

在要引出出线电缆的起始行上点一下，接着命令行提示如下：

　　　　点取最后一个单元格：

在要引出出线电缆的终止行上点一下。

　　<端板引线 2>：在端子表上所选端子侧引出出线电缆，并且每个出线电缆都有另外一条分支引出电缆，操作同<端板引线>。

3. 转换开关

菜单：<原理图>→<转换开关> ▤▤

功能：在回路中插入转换开关。

本命令是在已画好的导线上绘制转换开关。

选取本命令后，命令行提示如下：

请输入起点(与此两点连线相交的线框将插入转换开关)<退出>：
请输入终点<退出>：

根据提示，依次点取转换开关两条侧边虚线的始、末点，转换开关两边虚线便画好，被这两条虚线截到的导线亮显。这时命令行接着提示：

请输入转换开关位置数(3 或 6)<3>

输入"3"或"6"确定转换开关的位置数（图 6.12），然后命令行提示：

请输入端子间距<1400.000000>

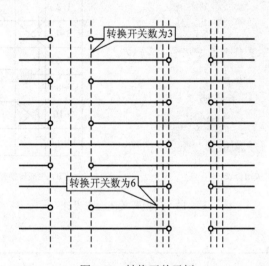

图 6.12 转换开关示例

从图中选取或直接键入数值确定转换开关中端子之间的距离，命令行提示：

请拾取不画转换开关端子的导线<结束拾取>

此时可拾取不画转换开关端子的导线，使其不参与绘制转换开关。之后，在虚线与导线的交叉点处被插入端子。最后还可以点取转换开关中其他虚线的始、末点，画出这些虚线。

4. 闭合表

菜单：<原理图>→<闭合表> ▦
功能：绘制转换开关闭合表。

在菜单上选取本命令后，弹出如图 6.13（a）所示的<转换开关闭合表>对话框，下面对本对话框的使用进行详细说明：

<开关型号>：在文本框中输入开关的型号，生成闭合表时置于表头。

<触点对数>：从下拉列表中选取触点的对数，如图 6.13（a）所示。

<手柄角度>：在要添加到表格中的手柄角度下面的复选框中打钩。

<表头设置>：提供了两种表头的形式。

<定义触点状态>：在闭合表中选择触点是闭合还是断开，单击<绘制>按钮后退出对话框，点取触点单元格，加入表示触点状态的符号。

定义好闭合表中的所有参数以后，单击<确定>按钮，退出本对话框，命令行提示如下：

点取表格左上角位置或{参考点<R>}<退出>：

在屏幕上选取要插入转换开关闭合表的位置点，则表格插入图中[图 6.13（b）]。

（a）转换开关闭合表

（b）生成转换开关闭合表示例

图 6.13　转换开关闭合表设计

> **提　示**
>
> <定义触点状态>选项组中的<闭合>、<断开>是独立于主对话框的命令。绘制完毕闭合表后，重新打开对话框选择<闭合>，可在表格上设置"X"；选择<断开>为取消"X"。"X"的大小可以由<表格编辑>→<行距系数>控制。

5. 自由复制

菜单：<绘图工具>→<自由复制>

功能：对 AutoCAD 对象与天正对象均起作用，能在复制对象之前对其进行旋转、镜像、改插入点等灵活处理，而且默认为多重复制，十分方便。

选取本命令后，命令行提示如下：

请选择要拷贝的对象：

点取位置或{转 90 度<A>/左右翻转<S>/上下翻转<D>/改转角<R>/改基点<T>}<退出>：

此时系统自动把参考基点设在所选对象的左下角，用户所选的全部对象将随鼠标的拖动复制至目标点位置，本命令以多重复制方式工作，可以把源对象向多个目标位置复制。还可利用提示中的其他选项重新定制复制，特点是每一次复制结束后基点返回左下角。

6. 自由移动

菜单：<绘图工具>→<自由移动> ✛

功能：对 AutoCAD 对象与天正对象均起作用，能在移动对象就位前使用键盘先行对其进行旋转、镜像、改插入点等灵活处理。

执行本命令后，命令行提示如下：

　　请选择要移动的对象：

　　　点取位置或{转 90 度<A>/左右翻转<S>/上下翻转<D>/改转角<R>/改基点<T>}<退出>：

与<自由复制>类似，但不生成新的对象。

7. 移位

菜单：<绘图工具>→<移位> ✛

功能：按照指定方向精确移动图元的位置，可减少输入，提高效率。

执行本命令后，命令行提示如下：

　　请选择要移动的对象：

选择要移动的对象，按 **Enter** 键结束。接着命令行提示如下：

　　请输入位移(x、y、z) 或 {横移<X>/纵移<Y>/竖移<Z>}<退出>：

如果用户仅仅需要改变对象的某个坐标方向的尺寸，无须直接输入位移矢量，此时可输入 X 或 Y、Z 选项，指出要移位的方向，如输入 Z，进行竖向移动，命令行提示如下：

　　竖移<0>：

在此输入移动长度或在屏幕中指定，提示正值表示上移，负值表示下移。

8. 自由粘贴

菜单：<绘图工具>→<自由粘贴> 📋

功能：对 AutoCAD 对象与天正对象均起作用，能在粘贴对象之前对其进行旋转、镜像、改插入点等灵活处理。

选取本命令后，命令行提示如下：

　　点取位置或{转 90 度<A>/左右翻<S>/上下翻<D>/对齐<F>/改转角<R>/改基点<T>}<退出>：

这时可以输入 A/S/D/F/R/T 多个选项进行各种粘贴前的处理，点取一点将图形对象贴入图形中的指定点。

本命令对 AutoCAD 以外的对象的 OLE 插入不起作用。

6.2 任务实施：绘制控制系统的接线图

本项目的任务是绘制控制系统的接线图，在绘制接线图前首先应对原理图进行节点标注，如图 6.1 和图 6.4 所示，根据节点标注的两种方法分别绘制标注节点的原理图。其次根据控制系统的设备数量、电压高低、电流大小、元件尺寸及接线特点绘制设备位置图，根据原理图中的连接方式确定设备的上下和左右的关系，再根据电压和设计尺寸确定设备的间距。最后根据原理图和设备位置图绘制接线图，在接线图中反映出接线的关系，既要合理又要节省导线，用以指导实际的接线操作。

1. 给主电路和控制电路进行节点标注

根据相关知识中的节点标注内容，进行节点标注。节点标注的号码是从上到下，从左到右递增的顺序，如图 6.1 和图 6.4 所示。

2. 绘制设备元件简图

根据设备布置的位置和设备在控制系统中触点的应用情况，绘制设备元件简图。

1）根据原理图中设备相互的连接关系确定设备空间位置。主控板上的设备在一个方阵，属于主令电器设备、指示设备和计量设备等都安装在控制面板方阵。

2）根据每个设备的元件情况绘制如图 6.14 所示的设备元件图，绘制 KM1 的时候根据元件个数绘制均匀的导线，插入第一个元件，其他的采用阵列的后替换就可以得到结果。KM2 和 KM1 一样，就采用复制粘贴的形式，其他的元件可以采用复制粘贴后进行修改完成。

3. 给元件简图中的各个元件添加端子标号

1）根据原理图的节点标注对端子进行标注，采用<原理图>→<端子标注>进行标注。
2）对端子排的标注是采用表格编辑中的双击表格进行编辑标注的。
图 6.15 所示为正反转系统的元件标注图。

4. 接线

根据控制系统的原理图，按照节点标注序号的由低到高的顺序进行接线。

1）主电路和控制电路设备是一样的，所以将标注完毕的图纸复制一份，一个是主电路接线图，另一个作为控制电路接线图。

2）根据原理图的主电路部分有上向下进行绘制，对相同编号进行连接。

3）绘制控制电路接线图，根据原理图中控制系统图样，按照图样编号由小到大一个编号一个编号地连接，接线的时候尽量使导线路径最短，最后连接如图 6.2 和图 6.3 正反转控制系统接线图及图 6.5 和图 6.6 的星三角起动系统的接线图。

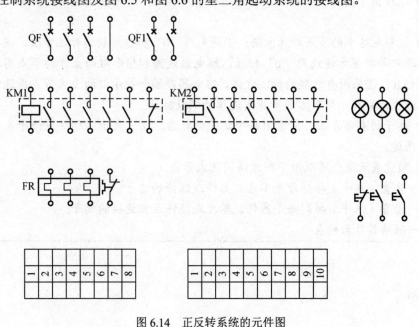

图 6.14　正反转系统的元件图

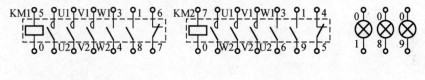

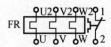

图 6.15　正反转系统的元件标注图

1）原理图中进行主电路和控制电路的节点标注，简单直接起动的主电路可以不标注。

2）控制电路中的节点标注方法：①是采用"0"和自然数的标注方法，继电器线圈和指示灯等的下方连线用"0"标注，继电器线圈和指示灯的上方的节点用连续的自然数标注；②采用自然数的标注方法，继电器线圈和指示灯的上方节点用连续奇数标注，继电器和指示灯下方的节点用连续的偶数标注。

3）端子的表示方法：应示出每个端子的标志。端子表示的顺序应便于表示简图的预定用途。

4）简化表示法：可以用下列方法简化表示法。

——垂直（水平）排列每个单元、器件或组件的端子；

——垂直（水平）排列每个器件、单元或组件互相连接的端子；

——省略其外形的表示。

项目 7　绘制变配电系统及配电室图样

项目任务

任务 1: 短路电流计算

如图 7.1 所示，某工厂变电所供电系统，电力系统出口断路器的断流容量为 500MVA。架空线单位长度电抗为 0.38 Ω/km，电缆线路单位长度阻抗为 0.08Ω/km。试计算工厂变电所 10kV 母线上 $k-1$ 点短路和变压器低压母线上 $k-2$ 点短路的三相短路电流和短路容量。

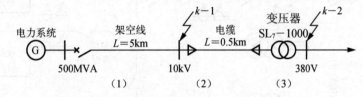

图 7.1　需要计算短路电流的电路图

任务 2: 大型主接线图绘制

绘制图 7.2 和图 7.3 所示的主接线图。

7.1　相关知识：绘制变配电图样工具

7.1.1　主接线及短路计算工具

1. 绘主接线

菜单: ＜设置＞→＜工业菜单＞→＜高压短路＞→＜绘主接线＞　⊠

功能: 绘制电力系统主接线图。

选取本命令后，弹出如图 7.4 所示的＜绘制主接线＞对话框。勾选＜布置同时赋值＞复选框，单击＜绘制主接线＞对话框中的图标，可将图例插入到图中并进行赋值。

1) 单击＜电力系统＞图标，直接插入图中，同时弹出如图 7.5 所示的＜电力系统赋值界面＞对话框，可以设置电力系统的参数，如名称及正序电抗 X1、负序电抗 X2、零序电抗 X0 等，并且设置完成后形成记忆，下次插入电力系统时参数和上次保持一致，名称数字会自动递增。单击＜说明＞按钮，可查看电力系统参数赋值说明，如图 7.6 所示。插入图中的图例如图 7.7 所示。

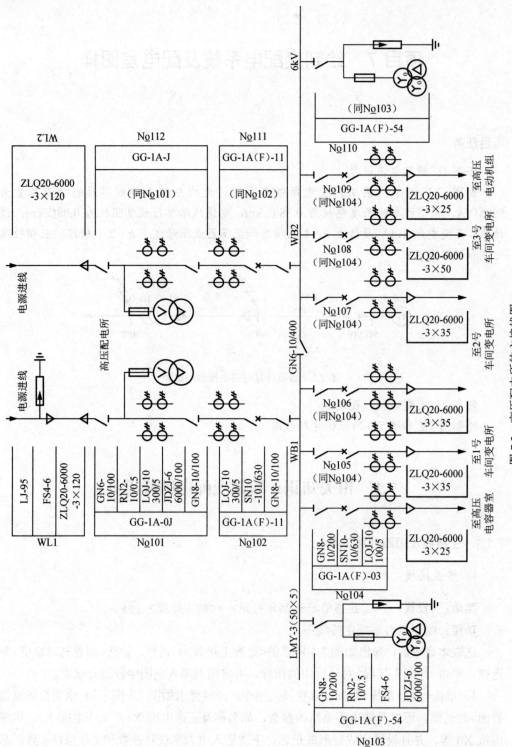

图 7.2 高压配电所的主接线图

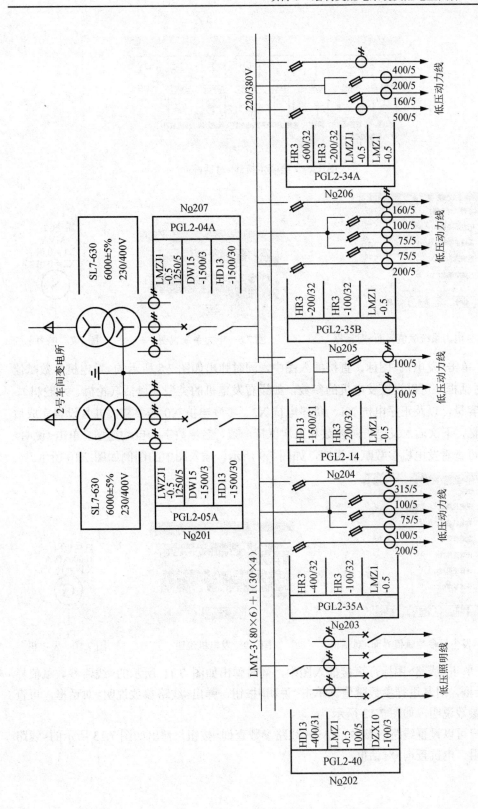

图 7.3　工厂 2 号车间变配电所的主接线图

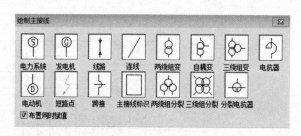

图 7.4　<绘制主接线>对话框

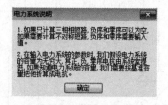

图 7.5　<电力系统赋值界面>对话框　　　图 7.6　电力系统说明　　　图 7.7　电力系统

2）单击<发电机>图标，直接插入图中，同时弹出如图 7.8 所示的<发电机参数赋值界面>对话框，可以设置发电机的参数，如设置发电机的类型（包括汽轮机、水轮机）、名称、容量，以及正序电抗 X1、负序电抗 X2、零序电抗 X0 等参数，并且设置完成后形成记忆，下次插入发电机时参数和上次保持一致，名称数字会自动递增。单击<说明>按钮，可查看发电机参数赋值说明，如图 7.9 所示。插入图中的图例如图 7.10 所示。

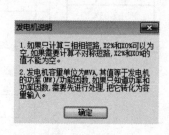

图 7.8　<发电机参数赋值界面>对话框　　　图 7.9　发电机说明　　　图 7.10　发电机

3）单击<线路>图标，直接插入图中，同时弹出如图 7.11 所示的<线路参数赋值界面>对话框，对其进行参数赋值。单击<说明>按钮，弹出<线路参数说明>对话框，可查看线路参数说明，如图 7.12 所示。

用户可以设置线路的参数，单击<线路参数查询>按钮，弹出如图 7.13 所示的<线路单位电阻、电抗查询>对话框。

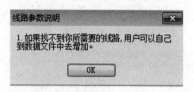

图 7.11 <线路参数赋值界面>对话框

图 7.12 线路参数说明

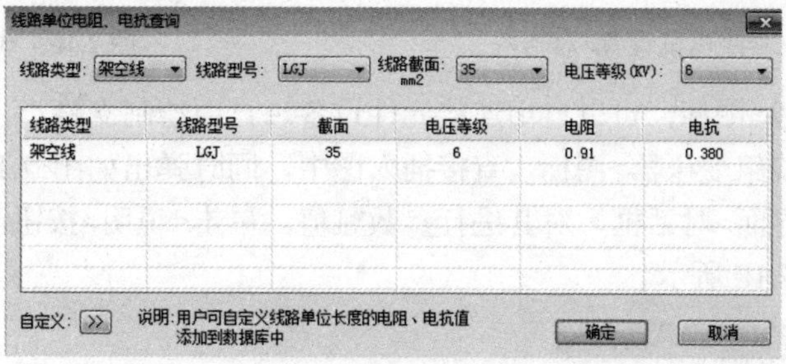

图 7.13 <线路单位电阻、电抗查询>对话框

用户可以选择线路的类型、线路型号、线路截面、电压等级，可以直接查询到单位线路的阻抗、电抗。用户也可以使用自定义手动添加线路单位长度的阻抗、电抗值。单击<自定义>按钮，弹出如图 7.14 所示的<自定义线路单位电阻、电抗>对话框。输入数据后单击<添加>按钮，可将数据加入到数据库中保存并调用。

图 7.14 <自定义线路单位电阻、电抗>对话框

设定好线路单位电阻、电抗后，输入线路长度，设置线路零序电抗，如图 7.15 所示。

用户可以根据线路类型选择零序电抗，也可以自定义手动输入，单击<确定>按钮，插入图中的图例如图 7.16 所示。

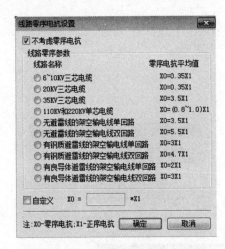

L1
LGJ150
Uj＝35kV
L＝1km
X1＝0.34Ω

图 7.15　<线路零序电抗设置>对话框　　　　　图 7.16　线路

4）单击<连线>图标，可以自由连接元件设备，自由绘制支路。

5）单击<两绕组变压器>图标，直接插入图中，同时弹出如图 7.17 所示的<两绕组变压器参数赋值界面>对话框，对其进行参数赋值。单击<说明>按钮，可查看两绕组变压器说明，如图 7.18 所示。

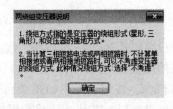

图 7.17　<两绕组变压器参数赋值界面>对话框　　　图 7.18　两绕组变压器说明

在赋值界面单击<绕组方式>文本框右侧的按钮，弹出如图 7.19 所示的<两绕组变压器绕组方式设置>对话框，可以设置是否考虑变压器的绕组方式，并对绕组方式进行设定。单击<确定>按钮，插入图中的图例如图 7.20 所示。

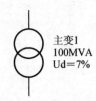

主变1
100MVA
Ud＝7%

图 7.19　<两绕组变压器绕组方式设置>对话框　　　图 7.20　两绕组变压器

6）单击<自耦变压器>图标，直接插入图中，同时弹出如图 7.21 所示的<自耦变压器赋值界面>对话框，对其进行参数赋值。单击<说明>按钮，可查看自耦变压器说明，如图 7.22 所示。

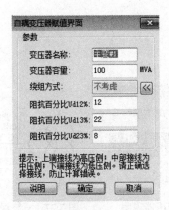

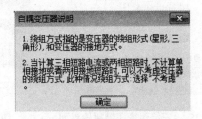

图 7.21   <自耦变压器赋值界面>对话框   图 7.22   自耦变压器说明

在赋值界面单击<绕组方式>文本框右侧的按钮，弹出如图 7.23 所示的<自耦变压器绕组方式设置>对话框，可以设置是否考虑变压器的绕组方式，并对绕组方式进行设定。单击<确定>按钮，插入图中的图例如图 7.24 所示。

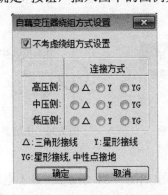

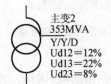

图 7.23   <自耦变压器绕组方式设置>对话框   图 7.24   自耦变压器

7）单击<三绕组变压器>图标，直接插入图中，同时弹出如图 7.25 所示的<三绕组变压器赋值界面>对话框，对其进行参数赋值。单击<说明>按钮，可查看三绕组变压器说明，如图 7.26 所示。

在赋值界面单击<绕组方式>文本框右侧的按钮，在弹出的对话框中设置是否考虑变压器的绕组方式，并对绕组方式进行设定。单击<确定>按钮，插入图中的图例如图 7.27 所示。

8）单击<电抗器>图标，直接插入图中，同时弹出如图 7.28 所示的<电抗器参数赋值界面>对话框，对其进行参数赋值。单击<说明>按钮，可查看电抗器说明，如图 7.29 所示。

在赋值界面用户可以设置电抗器的名称、基准电压、额定电压、额定电流、电抗率等值。单击<确定>按钮，插入图中的图例如图 7.30 所示。

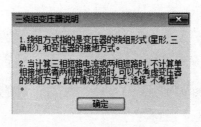

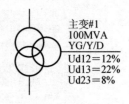

图 7.25　<三绕组变压器赋值界面>
　　　　 对话框

图 7.26　三绕组变压器说明

图 7.27　三绕组变压器

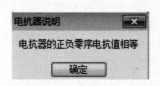

图 7.28　<电抗器参数赋值界面>
　　　　 对话框

图 7.29　电抗器说明

图 7.30　电抗器

9）单击<电动机>图标，直接插入图中，同时弹出如图 7.31 所示的<异步电动机赋值界面>对话框，对其进行参数赋值。单击<说明>按钮，可查看电动机说明，如图 7.32 所示。

在赋值界面用户可以对其类型、名称、功率进行设置。单击<确定>按钮，插入图中的图例如图 7.33 所示。

图 7.31　<异步电动机参数赋值界面>
　　　　 对话框

图 7.32　异步电动机说明

图 7.33　异步电动机

10）单击<短路点>图标，直接插入图中，同时弹出如图 7.34 所示的<短路点赋值>对话框，对其进行参数赋值。

用户可以对短路点的编号、基准电压、冲击系数进行设置。单击<确定>按钮，插入图中的图例如图 7.35 所示。

图 7.34   <短路点赋值>对话框   图 7.35   短路点

11）在图中连线出现交叉时，单击<跨接>图标，插入图中连线交叉点，如图 7.36 所示。

用户在插入跨接线时可以根据需要输入命令 A，使跨接线旋转。

12）在完成主接线图的搭建时，单击<主接线标识>图标，框选主接线图范围，如图 7.37 所示。

图 7.36   跨接   图 7.37   主接线标识

13）单击<两绕组分裂变压器>图标，直接插入图中，同时弹出如图 7.38 所示的<两绕组分裂变压器>对话框，对其进行参数赋值。单击<说明>按钮，可查看两绕组分裂变压器说明，如图 7.39 所示。

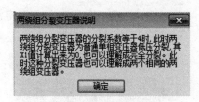

图 7.38   <两绕组分裂变压器>对话框   图 7.39   两绕组分裂变压器说明

在赋值界面单击<绕组方式>文本框右侧的按钮，弹出如图 7.40 所示的<两绕组分裂变压器绕组方式设置>对话框，可以设置是否考虑变压器的绕组方式，并对绕组方式进行设定。单击<确定>按钮，插入图中的图例如图 7.41 所示。

图 7.40　<两绕组分裂变压器绕组方式设置>对话框

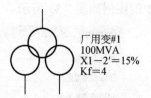

图 7.41　两绕组分裂变压器

14）单击<三绕组分裂>图标，直接插入图中，同时弹出如图 7.42 所示的<三绕组分裂赋值界面>对话框，对其进行参数赋值。单击<说明>按钮，可查看三绕组分裂变压器说明，如图 7.43 所示。

单击<确定>按钮，插入图中的图例如图 7.44 所示。

图 7.42　<三绕组分裂赋值界面>对话框　图 7.43　三绕组分裂变压器说明　图 7.44　三绕组分裂变压器

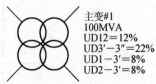

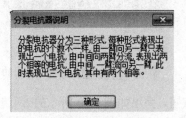

图 7.45　<分裂电抗器>对话框

15）单击<分裂电抗器>图标，直接插入图中，同时弹出如图 7.45 所示的<分裂电抗器>对话框，对其进行参数赋值。单击<说明>按钮，可查看分裂电抗器说明，如图 7.46 所示。

用户可以对分裂电抗器的名称、形式（主要有三种形式：①由一臂向另一臂；②由中间，一臂流向另一臂；③由中间向两臂分流）、基准电压、额定电压、额定电流、电抗百分比、互感系数进行设置。

单击<确定>按钮，插入图中的图例如图 7.47 所示。

图 7.46　分裂电抗器说明

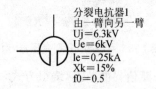

图 7.47　分裂电抗器

《电力工程设计手册》图例如图 7.48 所示。

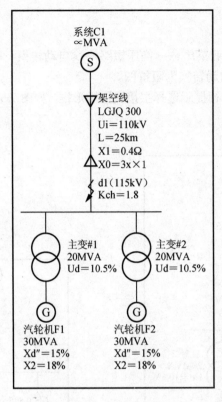

系统C1
∝MVA
(S)

架空线
LGJQ 300
Ui=110kV
L=25km
X1=0.4Ω
X0=3x×1

d1(115kV)
Kch=1.8

主变#1   主变#2
20MVA   20MVA
Ud=10.5%   Ud=10.5%

(G)   (G)

汽轮机F1   汽轮机F2
30MVA   30MVA
Xd″=15%   Xd″=15%
X2=18%   X2=18%

图 7.48   主接线图

2. 转换设置

菜单：<设置>→<工业菜单>→<高压短路>→<转换设置>

功能：设置主接线图转换为阻抗图时的参数。

选取本命令后，弹出如图 7.49 所示的<转换设置>对话框。用户可以设置基准容量，可以设置是否转换出负序阻抗图，并且可以设置是否在转换的同时出转换阻抗 Word 计算书。设置完毕后，单击<确定>按钮，即可生效。

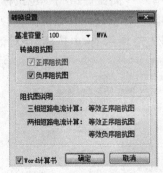

图 7.49   <转换设置>对话框

3. 自动转换

菜单：<设置>→<工业菜单>→<高压短路>→<自动转换>

功能：将主接线图自动转换为阻抗图。

选取本命令后，命令行提示选择主接线图矩形框，如图 7.50 所示。确定后自动生成阻抗图，如图 7.51 所示。

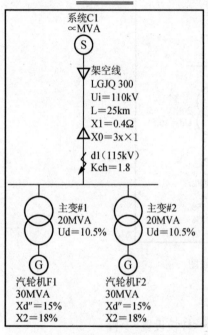

图 7.50　主接线图

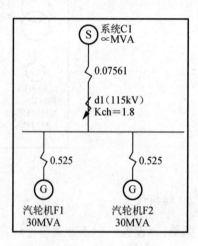

图 7.51　正序阻抗图

4. 电抗标定

菜单：<设置>→<工业菜单>→<高压短路>→<电抗标定>

功能：计算线路及设备的阻抗标幺值，并赋值到相应阻抗图中。

选取本命令后，弹出如图 7.52 所示的<电抗标定>对话框。

图 7.52　<电抗标定>对话框

　　电抗标定可以对电力系统、发电机、变压器、线路、电抗器、分裂变压器、分裂电抗器进行阻抗值计算，并在图样中标定。

　　1）用户在图 7.52 所示的<电力系统>选项卡中设定基准容量，设置系统短路容量，单击<计算>按钮，计算出系统阻抗值 X。单击<标定>按钮，在图样上选择要标的阻抗，如图 7.53 所示。

　　2）选择<发电机>选项卡，如图 7.54 所示，设定发电机容量、超瞬态电抗百分值，单击<计算>按钮，计算出发电机阻抗值 X。单击<标定>按钮，在图样上选择要标的阻抗，如图 7.55 所示。

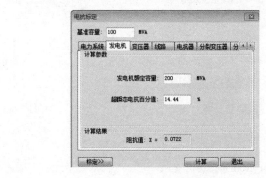

　　图 7.53　电力系统阻抗　　　　　　　图 7.54　发电机阻抗计算　　　　　　图 7.55　发电机阻抗

　　3）选择<变压器>选项卡，如图 7.56 所示，设定变压器的参数，选定双绕组、设定额定容量、阻抗电压，进行计算，计算出 X 的值。在图中进行标定。选定三绕组，设定变压器容量、各阻抗之间电压，进行计算，如图 7.57 所示。单击<标定>按钮，在图样上选择要标的阻抗，如图 7.58 所示。

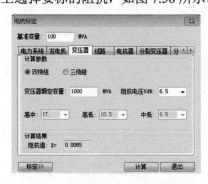

　　图 7.56　双绕组变压器阻抗计算　　　图 7.57　三绕组变压器阻抗计算　　　图 7.58　三绕
　　　　　　　　　　　　　　　　　　　　　　　　　　　　　　　　　　　　　组变压器阻抗

　　4）选择<线路>选项卡，如图 7.59 所示，设置线路长度、额定电压、单位电抗的值，单击<计算>按钮，算出 X 的值。单击<标定>按钮，在图样上选择要标的阻抗，如图 7.60 所示。

　　5）选择<电抗器>选项卡，如图 7.61 所示，设置电抗器电抗百分值、基准电压、额定电压、额定电流，单击<计算>按钮，计算出 X 的值。单击<标定>按钮，在图样上选择要标的阻抗，如图 7.62 所示。

6）选择<分裂变压器>选项卡，选中<双绕组变压器>单选按钮，如图 7.63 所示，设置双绕组分裂变压器的额定容量、分裂系数及半穿越电抗百分值，单击<计算>按钮，计算出阻抗值。单击<标定>按钮，在图样上选择要标的阻抗，如图 7.64 所示。

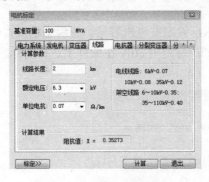

图 7.59　线路阻抗计算

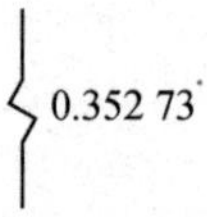

图 7.60　线路阻抗

图 7.61　电抗器阻抗计算

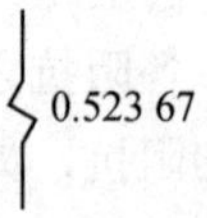

0.523 67

图 7.62　电抗器阻抗

图 7.63　双绕组分裂变压器阻抗计算

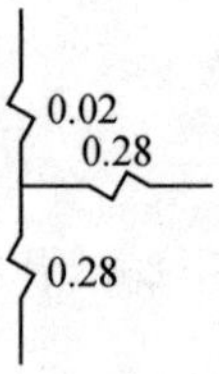

图 7.64　双绕组分裂变压器阻抗

选中<三绕组变压器及自耦变压器>单选按钮，如图 7.65 所示。设置三绕组分裂变压器的额定容量、各阻抗之间电压百分比，单击<计算>按钮，计算出阻抗值。单击<标定>按钮，在图样上选择要标的阻抗，如图 7.66 所示。

7）选择<分裂电抗器>选项卡，如图 7.67 所示，设置分裂电抗器的类型、基准电压、额定电压、额定电流、电抗百分值、互感系数，单击<计算>按钮，计算出阻抗值。

选中<一臂=>>一臂>单选按钮，单击<标定>按钮，在图样上选择要标的阻抗，如图 7.68 所示。

选中<中间<<=>>两臂>单选按钮，单击<标定>按钮，在图样上选择要标的阻抗，如图 7.69 所示。

选中<中间，一臂=>>另一臂>单选按钮，单击<标定>按钮，在图样上选择要标的阻抗，如图 7.70 所示。

图 7.65　三绕组分裂变压器阻抗计算 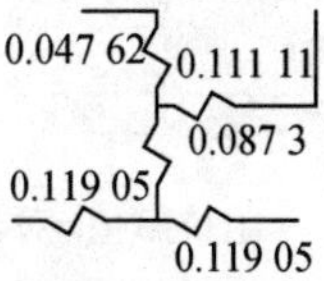　　　　　图 7.66　三绕组分裂变压器阻抗

图 7.67　分裂电抗器阻抗计算

图 7.68　由一臂向另一臂分裂电抗器阻抗 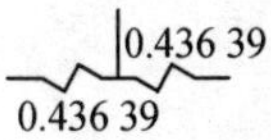　　图 7.69　由中间向两臂分流　　图 7.70　由中间，一臂流向
　　　　　　　　　　　　　　　　　　　　　　　　分裂电抗器阻抗　　　　　　另一臂分裂电抗器阻抗

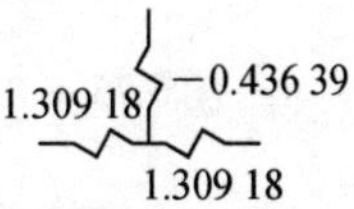

5. 绘阻抗图

菜单：<设置>→<工业菜单>→<高压短路>→<绘阻抗图>

功能：绘制阻抗图。

选取本命令后，弹出如图 7.71 所示的<阻抗布置>对话框。

图 7.71　<阻抗布置>对话框

勾选<布置同时赋值>复选框，单击<阻抗布置>对话框中的图标，可将图例插入到图中并进行赋值。

1）单击<阻抗>图标，直接插入图中，同时弹出如图 7.72 所示的<阻抗赋值>对话框，对其进行参数赋值。单击<确定>按钮，插入图中的图例如图 7.73 所示。

根据阻抗图的需要，阻抗可以进行旋转布置，如图 7.74 所示。

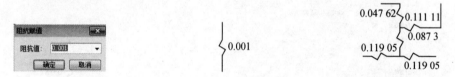

图 7.72　<阻抗赋值>对话框　　　　图 7.73　阻抗　　　　图 7.74　阻抗的旋转布置

2）单击<电源>图标，直接插入图中，同时弹出如图 7.75 所示的<电源赋值>对话框，对其进行参数赋值，可以设置电源类型（系统、水轮机、汽轮机）、名称及容量，并且设置完成后形成记忆，下次插入电源时参数和上次保持一致，名称数字会自动递增。单击<确定>按钮，插入图中的图例如图 7.76 所示。

3）单击<电动机>图标，直接插入图中，同时弹出如图 7.77 所示的<电动机赋值>对话框，对其进行参数赋值，可以设置电动机类型、名称、功率，并且设置完成后形成记忆，下次插入电动机时参数和上次保持一致，名称数字会自动递增。单击<确定>按钮，插入图中的图例如图 7.78 所示。

图 7.75　<电源赋值>对话框　　　　　　　　　　图 7.76　电源

图 7.77　<电动机赋值>对话框　　　　　　　　　图 7.78　电动机

4）单击<短路点>图标，直接插入图中，弹出如图 7.79 所示的<短路点赋值>对话框，对其进行参数赋值，用户可以对短路点的编号、基准电压、冲击系数进行设置。单击<确定>按钮，插入图中的图例如图 7.80 所示。

图 7.79 <短路点赋值>对话框

图 7.80 短路点

5）在完成阻抗图的搭建时，单击<阻抗图标识>图标，弹出如图 7.81 所示的<范围框设置>对话框，单击<确定>按钮，框选阻抗图范围，如图 7.82 所示。

图 7.81 <范围框设置>对话框

图 7.82 框选阻抗图范围

6）单击<连线>图标，可以自由连接阻抗、设备元件，自由绘制支路。

7）在图中连线出现交叉时，单击<跨接>图标，插入图中连线交叉点，如图 7.83 所示。用户在插入跨接线时可以根据需要输入命令 A，使跨接线旋转。

8）单击<接地>图标，在图中直接插入接地符号，并且接地符号插入时可根据需要进行旋转，如图 7.84 所示。由该功能搭建的阻抗图如图 7.85 和图 7.86 所示。

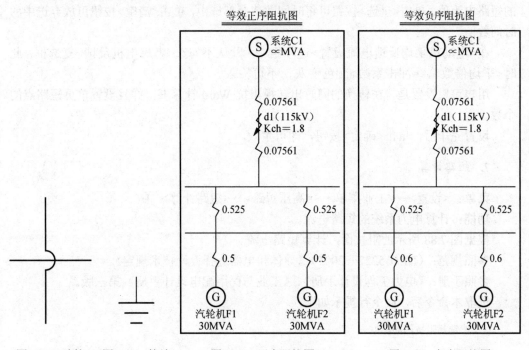

图 7.83 跨接　图 7.84 接地　　　图 7.85 正序阻抗图　　　　图 7.86 负序阻抗图

6. 计算设置

菜单：<设置>→<工业菜单>→<高压短路>→<计算设置>

功能：设置短路计算参数。

选取本命令后，弹出如图 7.87 所示的<计算设置>对话框。

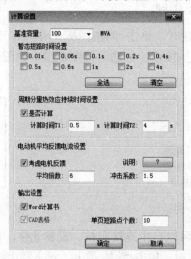

图 7.87　<计算设置>对话框

<基准容量>默认数值是"100"，可在下拉列表中选择"1000"，用户可手工改动该数值。

在<暂态短路时间设置>选项组可勾选相应的时间，在最终的结果中可以显示该时间的短路电流值。单击<全选>按钮可将时间数值全部选中，单击<清空>按钮可放弃选中的时间数值。

在<电动机平均反馈电流设置>选项组中，默认不勾选<考虑电机反馈>复选框，此时<平均倍数>、<冲击系数>颜色变灰，不可输入。

用户可以设置是否在转换的同时出转换阻抗 Word 计算书，并且设置单页短路点的个数。

设置完毕后，单击<确定>按钮，即可生效。

7. 短路计算

菜单：<设置>→<工业菜单>→<高压短路>→<短路计算>

功能：计算电力系统的短路电流。

根据图 7.88 所示的阻抗图，计算短路电流。

参照规范：（DL/T 5222—2005）《导体和电器选择设计技术规定》。

参照手册：《电力工程设计手册》、《工业与民用配电设计手册》第三版。

选取本命令后，命令行提示如下：

　　请选择阻抗图的图框

结果如图 7.88 所示。

从图中提取数据进行计算，无须人工查表得结果说明，如表 7.1 所示，可以计算正序阻抗图（三相短路电流），正序、负序阻抗图（三相、两相短路电流），正序、负序、零序阻抗图（三相、两相、两相对地、单相短路电流），如表 7.2 所示。

等效零序阻抗图

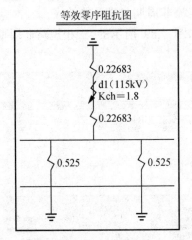

图 7.88 零序阻抗图

表 7.1 短路计算符号说明

名　　称	说　　明
I''	短路电流周期分量起始值
$I_{0.1}$（kA）	0.1 秒短路有效值
$I_{0.2}$（kA）	0.2 秒短路电流有效值
Ich	短路电流全电流最大有效值
ich	短路冲击电流值
S''	起始短路容量

表 7.2 短路计算表

基准容量 Sj＝100MVA

短路点编号	短路点平均电压 Uj（kV）	基准电流 Ij（kA）	分支名称	分支电抗 X*	短路电流值					
					I''（kA）	$I_{0.1}$（kA）	$I_{0.2}$（kA）	Ich（kA）	ich（kA）	S''（MVA）
d1（三相）	115	0.502	系统 C1	0.0756	6.64	6.64	6.64	10.026	16.902	1322.6
			汽轮机 F1	1.1762	0.458	0.401	0.368	0.692	1.166	91.2
			汽轮机 F2	1.1762	0.458	0.401	0.368	0.692	1.166	91.2
			小计	0.067	7.556	7.442	7.376	11.409	19.234	1505

计算结果输出短路计算表，同时可以输出 Word 文件短路计算书。

8. 算非周期

菜单: <设置>→<工业菜单>→<高压短路>→<算非周期> ⚡

功能: 计算三相短路电流非周期分量及热效应。

选取该命令后,弹出如图 7.89 所示的<三相短路非周期分量电流及热效应计算>对话框。

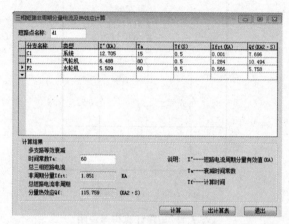

图 7.89 <三相短路非周期分量电流及热效应计算>对话框

计算短路点各支路的三相短路电流非周期分量值及热效应,输入短路点的名称,各分支的名称、类型、短路电流周期分量有效值、查出衰减时间常数、计算时间,单击<计算>按钮,即可算出结果,并输出计算表格。

9. 修改赋值

菜单: <设置>→<工业菜单>→<高压短路>→<修改赋值> 🖊

功能: 修改已绘制好的图块的参数。

选取该命令后,命令行提示如下:

请选择图块:

选择任意一个图块后,弹出该图块的参数赋值对话框,对其进行修改。例如,选择如图 7.90 所示的图块,弹出如图 7.91 所示的赋值对话框进行修改,修改结果如图 7.92 所示。

图 7.90 修改赋值前

图 7.91 赋值对话框

图 7.92 修改赋值后

10. 显示分支

菜单：<设置>→<工业菜单>→<高压短路>→<显示分支>

功能：检查等效阻抗图是否连接，显示每个分支。

选取该命令后，命令行提示如下：

请选择阻抗图的图框

选择如图 7.93 所示，在图样上每个分支上用黄色小圈标识，检查分支是否正确。

等效正序阻抗图

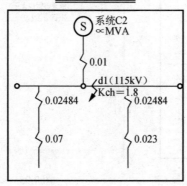

图 7.93　显示分支

11. 错误检查

菜单：<设置>→<工业菜单>→<高压短路>→<错误检查>

功能：检查等效阻抗图或主接线图的错误。可以检查图样阻抗接线图连通后，即检查接线内部是否有错误。

检查项目如下：

1）电源是否重名。

2）电源容量值一定要大于 0。

3）电动机是否重名。

4）电动机容量值一定要大于 0。

5）阻抗值不为 0。

6）短路点编号是否重名。

7）短路点是否直接设置在电源出口侧。

选取该命令后，命令行提示如下：

请选择阻抗图或主接线图的图框

选择如图 7.94 所示，弹出如图 7.95 所示的<检查错误>对话框。如果图样没有错，命令行会提示图样正确。

12. 短路图库

菜单：<设置>→<工业菜单>→<高压短路>→<短路图库>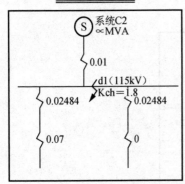

功能：收录了用户的实际工程阻抗图纸，方便调用计算。

选取该命令后，弹出如图 7.96 所示的<天正图集>对话框，单击<确定>按钮插入所选阻抗图。

图 7.94　正序阻抗图　　　　　　　　　　图 7.95　<检查错误>对话框

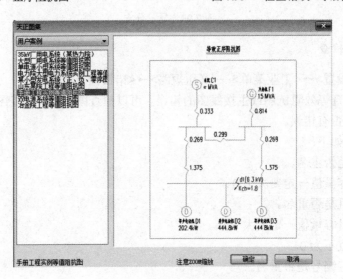

图 7.96　<天正图集>对话框 1

7.1.2　继电保护工具

1. 变压器

菜单：<设置>→<工业菜单>→<继电保护>→<变压器>

功能：电力变压器电流保护整定计算。

选取本命令，弹出<电力变压器保护>对话框，<选择保护类型>下拉列表中分为不同计算类型：过电流保护、电流速断保护、过负荷保护、低压启动的带时限过电流保护、低压侧单相接地保护（利用高压侧三相式过电流保护）、低压侧单相接地保护（采用在低压侧中性线上装设专用的零序保护），如图 7.97 所示。选择不同类型继电保护时，用户界面上的计算参数与计算结果相应切换。输入计算参数，单击<计算>按钮，得出计算结果，如图 7.98 所示。

单击<计算书>按钮可将所得的继电保护计算结果以计算书的形式直接存为 Word 文件。详细计算过程和公式与符号说明，请参看各保护计算。

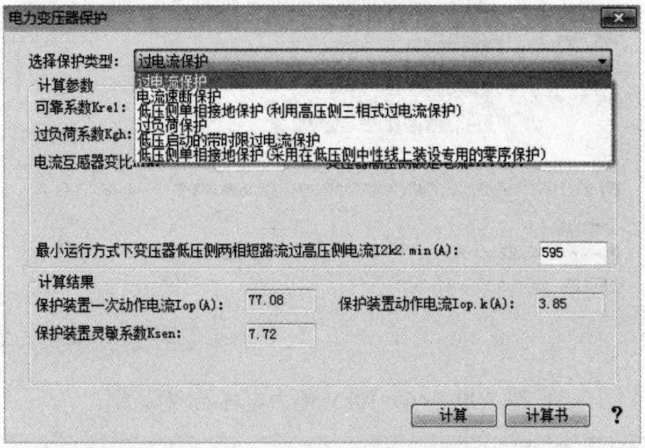

图 7.97　<电力变压器保护>对话框

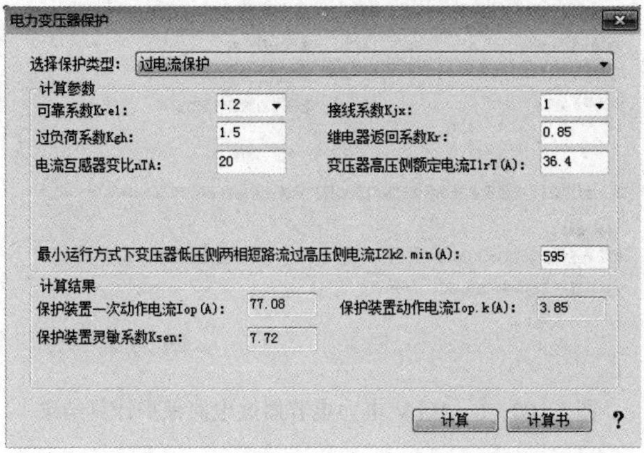

图 7.98　变压器过电流保护计算结果

2. 电容器

菜单位置：<设置>→<工业菜单>→<继电保护>→<电容器>

功能：6～10kV 电力电容器的继电保护整定计算。

选取本命令，弹出<6～10kV 电力电容器>对话框，<选择保护类型>下拉列表中分为不同计算类型：过电流保护、带有短延时的速断保护、过负荷保护、单相接地保护、过电压保护、低电压保护、横联差动保护（双三角形接线）、中性线不平衡电流保护（双星形接线)、开口三角电压保护(单星形接线),如图 7.99 所示。选择不同类型继电保护时,用户界面上的计算参数与计算结果相应切换。

输入计算参数,单击<计算>按钮,得出计算结果,如图 7.100 所示。

单击<计算书>按钮可将所得的继电保护计算结果以计算书的形式直接存为 Word 文件。详细计算过程和公式与符号说明,请参看各保护计算。

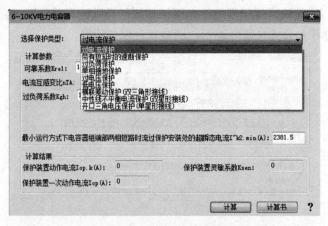

图 7.99　<6～10kV 电力电容器>对话框

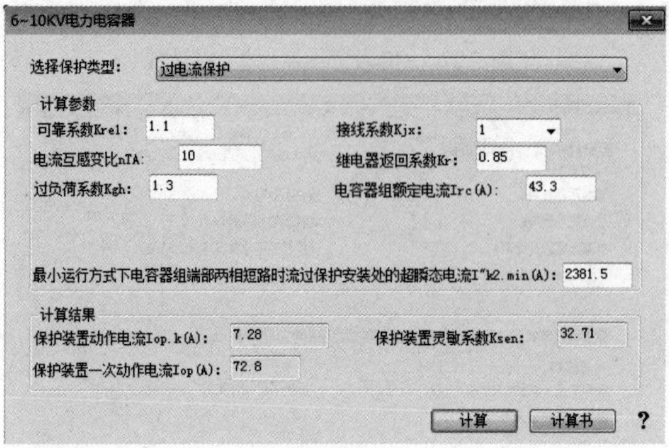

图 7.100　6～10kV 电力电容器过电流保护计算结果

3．电动机

菜单:<设置>→<工业菜单>→<继电保护>→<电动机>

功能:3～10kV 电动机继电保护整定计算。

选取本命令,弹出<电动机的继电保护>对话框,<选择保护类型>下拉列表中分为不同计算类型:电流速断保护、过负荷保护、纵联差动保护(用 BCH-2 型差动继电器)、纵联差动保护(用 DL-31 型电流继电器时)、单相接地保护,如图 7.101 所示。

选择不同类型继电保护时,用户界面上的计算参数与计算结果相应切换。

输入计算参数,单击<计算>按钮,得出计算结果。单击<计算书>按钮可将所得的继

电保护计算结果以计算书的形式直接存为 Word 文件。详细计算过程和公式与符号说明，
请参看各保护计算。

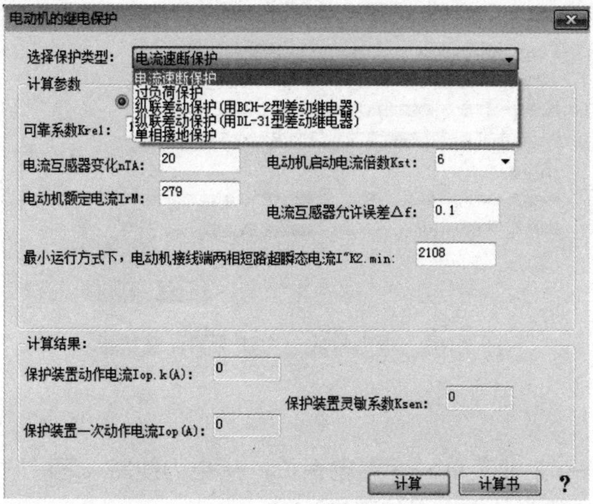

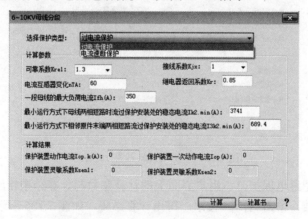

图 7.101　<电动机的继电保护>对话框

4.　电力母线

菜单：<设置>→<工业菜单>→<继电保护>→<电力母线>

功能：6～10kV 母线分段断路器的继电保护整定计算。

选取本命令，弹出<6～10kV 母线分段>对话框，<选择保护类型>下拉列表中分为不
同计算类型：过电流保护和电流速断保护，如图 7.102 所示。

图 7.102　<6～10kV 母线分段>对话框

选择不同类型继电保护时，用户界面上的计算参数与计算结果相应切换。

输入计算参数，单击<计算>按钮，得出计算结果，如图 7.103 所示。

单击<计算书>按钮可将所得的继电保护计算结果以计算书的形式直接存为 Word 文
件。详细计算过程和公式与符号说明，请参看各保护计算。

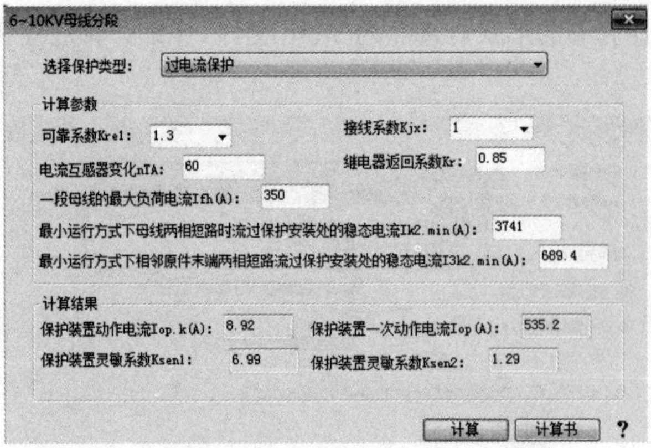

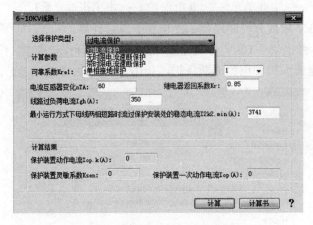

图 7.103　电力母线过电流保护计算结果

5. 电力线路

菜单：<设置>→<工业菜单>→<继电保护>→<电力线路>

功能：6～10kV 线路的继电保护整定计算。

选取本命令，弹出<6～10kV 线路>对话框，<选择保护类型>下拉列表中分为不同计算类型：过电流保护、无时限电流速断保护、带时限电流速断保护和单相接地保护，如图 7.104 所示。

图 7.104　<6～10kV 线路>对话框

选择不同类型继电保护时，用户界面上的计算参数与计算结果相应切换。

输入计算参数，单击<计算>按钮，得出计算结果，如图 7.105 所示。

单击<计算书>按钮可将所得的继电保护计算结果以计算书的形式直接存为 Word 文件。详细计算过程和公式与符号说明，请参看各保护计算。

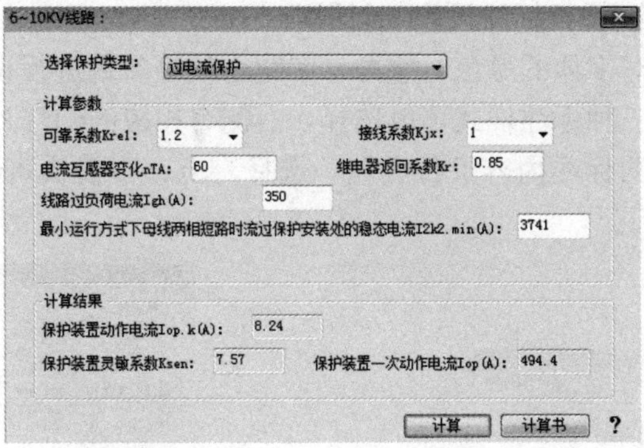

图 7.105　电力线路过电流保护计算

7.1.3　变配电室工具

1. 绘制桥架

菜单：<变配电室>→<绘制桥架>　$\equiv$

功能：在平面图中绘制桥架（三维）。

在菜单上选取本命令后，弹出如图 7.106 所示的<绘制桥架>对话框。

绘制桥架时，其绘制基准线分<水平>、<垂直>设置，对于<水平>设置，有<上边>、<中心线>、<下边>三种选择，默认为<中心线>；对于<垂直>设置，有<底部>、<中心>、<顶部>三种选择，默认为<底部>；<偏移>指绘制电缆沟时，实际绘制准线距选择的基准点的距离。<锁定角度>指在绘制电缆沟过程中，基准线在允许的偏移角度

图 7.106　<绘制桥架>对话框

范围内（15°），绘制的电缆沟角度不偏移；否则，电缆沟角度随基准线的角度偏移而偏移。<+><->指增加或删除一行桥架。桥架属性栏包括<类型>、<宽×高>、<标高 m>、<盖板>等属性，可通过选择或直接修改。

单击<设置>按钮，弹出如图 7.107 所示的<桥架样式设置>对话框，可通过幻灯片选择桥架弯通等构件的拐角样式；<显示设置>选项组中的选项功能如下。

<显示分段>：设置是否显示桥架分段。

<分段尺寸>：设置桥架分段的尺寸。

<边线宽度>：设置桥架边线的宽度。

<边线加粗>：勾选其复选框，显示桥架边线按照桥架设置的边线宽度进行加粗。

<显示中心线>：设置是否显示桥架中心线。

<显示遮挡>：设置两段不同标高有遮挡关系的桥架是否显示遮挡虚线。

<显示桥架件连接线>：控制是否显示桥架，如弯通、三通等构件与桥架相连的连接线。

<标注设置>：可对桥架标注的文字、标注的样式进行设置。单击<标注设置>按钮，

弹出如图 7.108 所示的<桥架标注设置>对话框。

<字体设置>：可对字体的颜色、字高、字距系数等参数进行设置。

<标注样式>：有三种标注样式可以选择，右侧有相应的幻灯片显示。

最下面可对桥架的标注内容进行设置、选择，上、下箭头可以控制其标注排列的顺序。

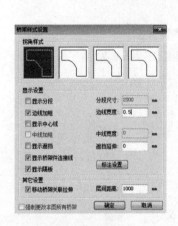

图 7.107   <桥架样式设置>对话框   图 7.108   <桥架标注设置>对话框

在<其他设置>选项组中有以下内容：

<移动桥架关联拉伸>：可以控制相关联的桥架通过"MOVE"命令移动其中一段桥架，其他相关联的桥架是否联动。

<层间距离>：指当增加一层桥架时，其标高为其上一层桥架标高＋该设置的层间距离。

对桥架设置完毕后，进行绘制，命令行已经提示：

　　请选取第一点：

选取桥架第一点后，命令行继续提示：

　　请选取下一点[回退(u)]：

绘制完毕后的桥架平面图如图 7.109 所示。

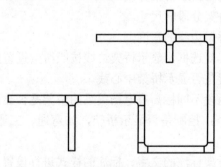

图 7.109   桥架平面图

　　桥架的绘制是一个智能的过程，其自动生成弯通、三通、四通等构件，桥架三维效果图如图 7.110 和图 7.111 所示。

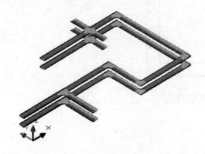

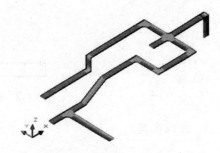

图 7.110　桥架三维效果图 1　　　　　　　　图 7.111　桥架三维效果图 2

2. 绘制电缆沟

菜单：<变配电室>→<绘电缆沟>　⊥⊥
功能：在平面图中绘制电缆沟。

在菜单上选取本命令后，弹出如图 7.112 所示的<绘制电缆沟>对话框，同时命令行提示如下：

　　请选取第一点：

首先电缆沟有三种倒角形式可供选择，绘制时，光标在电缆中心线。<沟宽>、<沟深>及绘制电缆沟边线的<线宽>均可设定。<锁定绘制角度>指在绘制电缆沟过程中，基准线在允许的偏移角度范围内（15°），绘制的电缆沟角度不偏移；否则，电缆沟角度随基准线的角度偏移而偏移。<支架>设置参数包括<形式>、<间距>、<长度>、<线宽>。支架<形式>有几种可以选择，如图 7.113 所示。

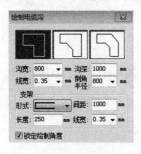

图 7.112　<绘制电缆沟>对话框　　　　　　　图 7.113　支架的形式选择

电缆沟参数设置完毕后，进行绘制，确定第一点位置后，命令行提示如下：

　　请选取下一点 [回退(u)]：

当绘制完毕后，如图 7.114 所示。

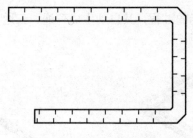

图 7.114　绘制完毕的电缆沟

3. 修改电缆沟

菜单：<变配电室>→<改电缆沟>

功能：修改平面电缆沟参数。

在菜单上选取本命令后，命令行提示如下：

选择要编辑的电缆沟<退出>：

选取要编辑的电缆沟，可多选，被选中的电缆沟变虚，确定后弹出如图 7.115 所示的<编辑电缆沟>对话框，勾选要修改的对应项，即可修改其对应参数，可修改电缆沟的沟宽、沟深、线宽、支架形式、支架间距、支架长度及包括电缆沟是否成虚线显示等。如图 7.115 所示，修改电缆沟支架形式，单击<确定>按钮后，修改后的电缆沟平面图如图 7.116 所示。

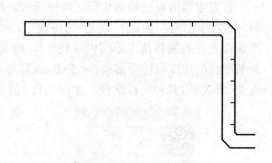

图 7.115　<编辑电缆沟>对话框　　　　图 7.116　修改后的电缆沟

4. 连接电缆沟

菜单：<变配电室>→<连电缆沟>

功能：连接电缆沟自动生成三通弯头。

在菜单上选取本命令后，命令行提示如下：

请选择两段或三段电缆沟！

选择确定即可自动完成连接。连接前后效果如图 7.117 和图 7.118 所示。

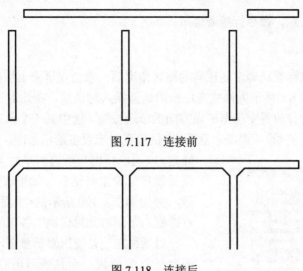

图 7.117 连接前

图 7.118 连接后

5. 插入变压器

菜单: <变配电室>→<插变压器>

功能: 在变配电室设计图中绘制油式或干式变压器。

在菜单上选取本命令后,弹出如图 7.119 (a) 所示的干式变压器选型插入对话框。在对话框右边上部是一个选择干式或油式变压器的下拉列表,选择油式变压器后,对话框变成如图 7.119 (b) 所示的油式变压器选型插入对话框,现在分别介绍对话框在这两种界面时的使用方法:

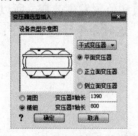

(a) 干式变压器选型插入对话框

(b) 油式变压器选型插入对话框

图 7.119 <变压器选型插入>对话框

1) 选择干式变压器或油式变压器,左边的<设备类型示意图>中便出现对应设备的示意图;在干式变压器中还提供了<简图>和<精细>两种插入图块的单选按钮,位于<设备类型示意图>下方,用户可以根据图样要求选择;在对话框的右下角是干式变压器尺寸设定的文本框,包括<变压器 X 轴长>和<变压器 Y 轴长>两个文本框(由于变压器包括平面、正立面和侧立面,所以用 X 轴和 Y 轴代表了变压器的长、宽、高)。选择和输入完毕后,单击<确定>按钮,这时命令行提示如下:

请点取变压器的插入点<退出>:

点取变压器的插入点，命令行接着提示：

　　旋转角度<0.0>：

通过输入或鼠标拖动确定变压器的旋转角度后，就会在屏幕上按要求插入变压器。

2）图 7.119（b）所示为油式变压器的选型插入对话框，在此对话框中只在下拉列表的下部有一组选择放置变压器平面方向的单选按钮，选中某一个单选按钮，选择合适的放置平面，左边的<设备类型示意图>中便出现对应设备的示意图。选定平面后单击<

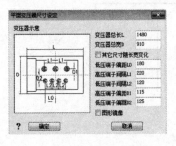

图 7.120　<平面变压器尺寸设定>对话框

确定>按钮，弹出与所选的平面类型相对应的油式变压器尺寸设定对话框。如果选择的是<平面变压器>，弹出如图 7.120 所示的<平面变压器尺寸设定>对话框，下面对此对话框中各项的功能进行说明：

　　对话框左边是变压器示意图，图中不仅展现平面变压器的形状，而且表示出右边各项尺寸的意义。在对话框右边的各文本框中，可以输入要插入平面变压器的各项尺寸。其中，<变压器总长 L>和<变压器总宽 D>是必须输入的。而其余的五个细部尺寸是否需要，取决于<其他尺寸随长宽变化>复选框是否被勾选，如果被勾选（方框中显示"√"），则这五个尺寸不必输入，且输入后也不起作用。在插入变压器时，这五个尺寸按变压器的长、宽数据自动设定。如果<其他尺寸随长宽变化>复选框未被勾选，那么这五个尺寸必须输入。

　　<图形镜像>复选框如果被勾选，变压器按镜像方式插入。正立面和侧立面的油式变压器尺寸设定对话框与平面的类似，只是由于端子个数和位置发生改变，所以端子的间隔和偏距不同。选择和输入完毕后，单击<确定>按钮，这时命令行提示如下：

　　请点取变压器的插入点<退出>：

点取变压器的插入点，命令行接着提示：

　　旋转角度<0.0>：

通过输入或鼠标拖动确定变压器的旋转角度后，就会在屏幕上按要求插入变压器。

　　6.　插入电气柜

　　菜单：<变配电室>→<插电气柜>　⊞⊞⊞
　　功能：在变配电室设计图中按要求个数和形状插入电气柜设备。

　　在菜单上选取本命令后，弹出如图 7.121 所示的<绘制电气柜平面>对话框，可输入要绘制的电气柜的数量，柜子的<柜长>、<柜高>、<柜厚>等。

　　<X 偏移>、<Y 偏移>指电气柜的实际插入点与

图 7.121　<绘制电气柜平面>对话框

默认插入点相比 X 轴、Y 轴偏移的距离。

<线宽>指插入的电气柜平面轮廓线的宽度，可根据不同需求任意设定。

<显示编号文字>复选框用于确定是否显示电气柜编号文字。

<编号文字>文本框用于确定电气框编号，如 AA。

<起始数字>文本框用于确定电气框起始数字编号，如 01。

电气柜编号文字可通过<字高>、<字宽高比>来调整其文字大小等属性。

<排序>包含"升序"、"降序"功能来调整电气柜的排列顺序。

在对如上电气柜的参数设定过程中，可动态预览整体效果。

这时命令行提示如下：

> 请点取电气柜的插入点<退出>：
> 请选择电气柜的插入点[切换插入点(S)/左右翻转(F)/89度翻转(R)]：

若切换插入点可直接输入"S"，输入"F"则电气柜左右翻转，输入"R"则电气柜 89°翻转。

点取电气柜的插入点，则电气柜插入到平面上，如图 7.122 所示。

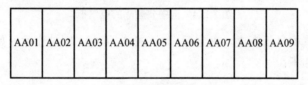

图 7.122　平面电气柜

7. 标注电气柜

菜单：<变配电室>→<标电气柜> ［图标］

功能：标注电气柜编号，可以多选进行递增标注。

在菜单上选取本命令后，命令行提示如下：

> 请选择第一个柜子<退出>：

选取要标注的第一个电气柜，命令行继续提示：

> 请输入起始编号<AH04>：

输入起始编号 AH04 后，命令行提示如下：

> 请选择最后一个柜子<退出>：

选取 AA06 柜，则电气柜中的第 5、6 编号被依次修改，如图 7.123 所示。

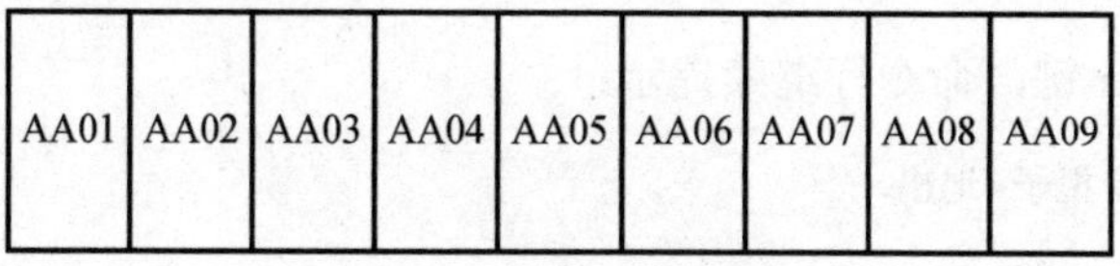

AA01	AA02	AA03	AA04	AA05	AA06	AA07	AA08	AA09

图 7.123　修改电气柜编号

使用<标电气柜>命令可以将电气柜的编号重新标注。

8. 删除电气柜

菜单：<变配电室>→<删电气柜>

功能：删除电气柜，相临电气框及尺寸可以联动调整。

在菜单上选取本命令后，命令行提示如下：

　　　选择要删除的柜子<退出>:

选取要删除的电气柜，可多选，如图 7.124 所示。

图 7.124　选中要删除的电气柜

被选中的电气框显示变虚，确定后，AA02 与 AA04 则被删除，如图 7.125 所示，同时命令行提示如下：

　　　选择要靠近的柜子<退出>:

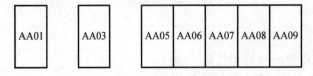

图 7.125　删除后的电气柜

根据命令行提示，选择要靠近的电气柜，则其他未被删除的电气柜统一向其方向对齐，如图 7.126 所示，同时命令行提示如下：

　　　是否重新对编号进行排序[是(Y)/否(N)]<N>:

图 7.126　对齐后的电气柜

输入"Y"，按 Enter 键，命令行继续提示：

　　　请选择第一个柜子<退出>:

选取第一个柜子，命令行提示如下：

请输入起始编号<AA01>:

输入起始编号后，命令行继续提示：

请选择最后一个柜子<退出>:

选取最后一个电气柜，则电气柜的编号重新被依次标注，如图 7.127 所示。

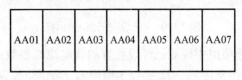

图 7.127　重新标注后的电气柜

9. 修改电气柜

菜单：<变配电室>→<改电气柜>　

功能：修改电气柜参数，相临柜子及尺寸可以联动调整。

在菜单上选取本命令后，命令行提示如下：

选择要编辑的柜子<退出>:

选取要编辑的电气柜，可多选，被选中的电气柜显示变虚，确定后弹出如图 7.128 所示的<配电柜参数设置>对话框，勾选要修改的对应项，即可修改其对应参数。可修改电气柜的柜长、柜厚、柜高，可以更改其编号，包括编号文字的字高、字宽比例、字体样式，同时包括是否显示编号等设置。设置如图 7.128 所示，操作结果如图 7.129 所示。

图 7.128　<配电柜参数设置>对话框

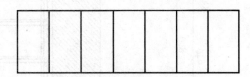

图 7.129　被隐藏编号的电气柜

同时，双击单个电气柜，同样会弹出<配电柜参数设置>对话框，可修改其参数。

10. 剖面地沟

菜单：<变配电室>→<剖面地沟>　

功能：参数化绘制剖面地沟。

在菜单上选取本命令后，弹出如图 7.130 所示的<电缆沟剖面>对话框，该对话框中可以定义剖面地沟的形状、大小。下面对此对话框中各项的功能进行说明：

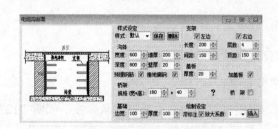

图 7.130 <电缆沟剖面>对话框

1）在<样式设定>选项组中可对已经设置好的该电缆沟参数进行保存及删除。

2）沟体设置：包括<宽度>、<深度>、<墙厚>、<壁厚>参数输入，以及是否显示<预埋钢筋>、<接地扁钢>等构件设置。其中，接地扁钢设置是否显示，左边的幻灯片可动态预览。

3）基础参数设置：包括基础的<边宽>、<厚度>两项参数设置。

4）<支架>参数设置：通过勾选<左边>、<右边>复选框确定电缆沟电缆支架的方向。若两者都选，则电缆沟两边均有支架，反之则不带，左边电缆沟剖面显示幻灯片可动态预览。支架的<长度>、<间距>、<层数>、<顶距>等参数均可设置。其中<顶距>指支架上表面到盖板下表面的距离。

5）<盖板>参数设置：<厚度>指盖板的厚度，<加盖板>复选框勾选与否可设置电缆沟是否有盖板。左边电缆沟剖面显示幻灯片可动态预览。

6）<绘制设定>参数设置：包含是否带标注，以及绘制的放大系数。<插入>指将设置好的参数化电缆沟绘制到平面上。

绘制的电缆沟剖面如图 7.131 所示。

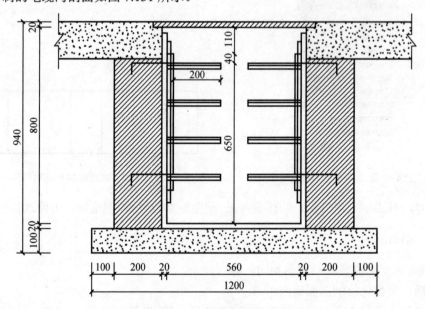

图 7.131 电缆沟剖面示例

11. 生成剖面

菜单：<变配电室>→<生成剖面>

功能：根据变配电室平面图生成剖面图。

在菜单上选取本命令后，命令行提示如下：

请输入剖切编号<1>：

输入剖切编号确定后，命令行提示如下：

点取第一个剖切点<退出>：

点取第一个剖切点后，命令行继续提示：

点取第二个剖切点<退出>：

点取第二个剖切点后，命令行继续提示：

点取剖视方向<当前方向>：

执行完毕后，弹出如图 7.132 所示的<电缆沟参数设置>对话框，可以选择剖面样式，下面为动态预览，右边为电缆沟、连接孔及盖板等参数设置。其中电缆沟的沟宽、沟深、支架的形式等数据是从平面上读取的，其他的参数（包括支架形式）可以进行设置。设置完成后，单击<确定>按钮，则生成相应的剖面图，如图 7.133 所示。

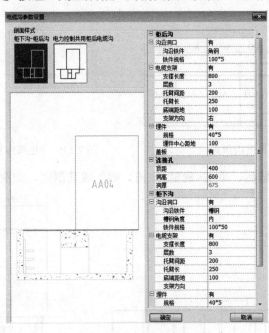

图 7.132　<电缆沟参数设置>对话框 1

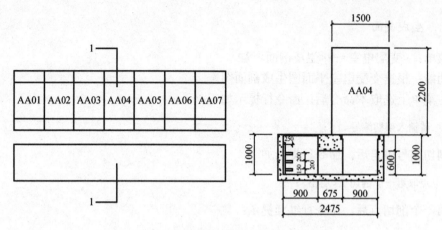

图 7.133 生成剖面图

当平面图的形式如图 7.134 所示时，生成的电缆沟参数设置对话框如图 7.135 所示，可选择<柜下沟>、<电缆夹层>两种形式。

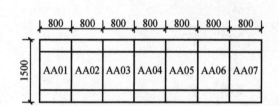

图 7.134 柜下沟形式

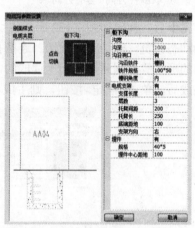

图 7.135 <电缆沟参数设置>对话框 2

其他参数设置完成后，单击<确定>按钮，则生成其剖面，如图 7.136 所示。

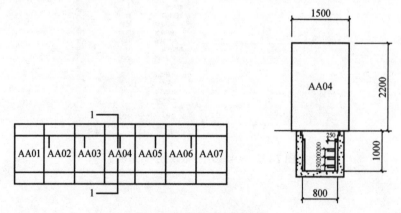

图 7.136 柜下沟剖面形式

除以上两种情况外，变配电室生成剖面直接生成，过程中不弹出<电缆沟参数设置>对话框，直接生成其剖面。

12.　国标图集

菜单：<变配电室>→<国标图集>　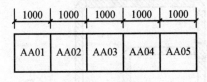

功能：从国标图集中选取相应的标准图插入。

在菜单上选取本命令后，弹出如图 7.137 所示的<天正图集>对话框。

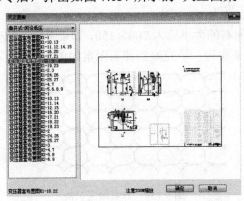

图 7.137　<天正图集>对话框 2

该图集目前收录了 03D-201 室内变压器布置标准图。

13.　配电尺寸

菜单：<变配电室>→<配电尺寸>

功能：标注高低压配电柜尺寸。

在菜单上选取本命令后，命令行提示如下：

　　　　请选取要标注尺寸的配电柜<退出>：

选择要标注的配电柜，命令行提示如下：

　　　　请指定尺寸线位置(当前标注方式:连续) 或 [整体(T) /连续(C) /连续加整体(A)]<退出>：

确定尺寸标注位置，则配电柜尺寸自动被标注，如图 7.138 所示。

1000	1000	1000	1000	1000
AA01	AA02	AA03	AA04	AA05

图 7.138　生成配电柜尺寸

14.　卵石填充

菜单：<变配电室>→<卵石填充>

功能：用卵石图案来填充某个区域。主要用于画变压器室内油池底部的卵石层。

本命令只能在矩形框内填充卵石，在菜单上选取本命令之后，命令行提示如下：

> 请点取要填充边界的起点<退出>：

在图中选取要填充卵石的矩形框的一个顶点，命令行接着提示：

> 请输入终点<退出>：

选取矩形框的对角点，取好了要填充卵石的矩形边界后，命令行提示如下：

> 请输入填充比例<200>：

在取默认比例时，每个卵石的大小约为 200×150，如果希望在填充区内的卵石图案都是完整的，可调整此比例来实现。填充好的卵石图案如图 7.139 所示。

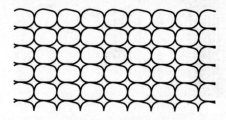

图 7.139　卵石填充示例

15. 桥架填充

菜单：<变配电室>→<桥架填充>　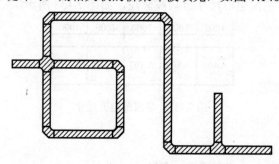
功能：提供灰度、斜线、斜格等五种填充方案，填充桥架。

在菜单上选取本命令后，命令行提示如下：

> 请选择要填充的桥架：<退出>

选取桥架，命令行继续提示：

> 请选择填充样式[斜线 ANSI31(1)/斜网格 ANSI37（2）/正网格 NET(3)/交叉网格
> NET3(4)/灰度 SOLID(5)]：

可根据自己的需要选择 1、2、3、4、5 来选择填充样式,默认的填充样式为<斜线 ANSI31>，直接右击或按 Enter 键即可，则相关联的桥架即被填充，如图 7.140 所示。

图 7.140　桥架填充

16. 层填图案

菜单：<变配电室>→<层填图案>

功能：在选定层上封闭的曲线内填充各种图案，可作为线槽填充的补充。

选取本命令之后，命令行提示如下：

> 请点取一个填充轮廓线 (取其图层) <退出>：

选取轮廓线后，命令行会反复提示：

> 再选取填充轮廓线<全选>：

直到按 Enter 键确认后，弹出如图 7.141 所示的线槽填充图案对话框。

单击<填充预演 V>按钮，可以预演当前的填充状况，以便用户发现选择的填充比例、填充图案是否合适。单击此按钮后会真实地反映填充情况，同时命令行提示如下：

> 按[Enter(回车)]键返回：

按 Enter 键后返回线槽填充图案对话框。

单击<图案库 L>单击此按钮，弹出如图 7.142 所示的<选择填充图案>对话框，可以通过<次页 N>、<前页 P>切换页面查看更多的图案。

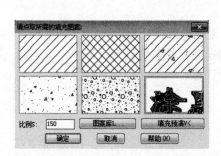

图 7.141　选择所需的填充图案　　　　图 7.142　<选择填充图案>对话框

17. 删除填充

菜单：<变配电室>→<删除填充>

功能：删除图中填充的图案。

在菜单上选取本命令后，命令行提示如下：

> 请选择要删除的填充：<退出>

然后框选要删除的填充图案即可。

7.2　任务实施：变配电系统及配电室图样绘制

本项目是一个综合项目，包括的内容有主接线图设计、短路电流计算、继电保护计算、变配电室设计及电缆沟设计等内容。任务就是设计主接线图并标注参数；对高压和低压侧绘制阻抗图、进行短路电流计算；对变压器、电容、电机、母线和线路进行继电保护计算；绘制变配电室的建筑部分、配电柜体、变压器位置、电缆沟等。这些就是完成一个变配电所设计的必需步骤，为未来进行变配电所设计打下基础。

1.　主接线及短路电流计算

1）绘制变配电系统的主接线图，设置相关参数并标注短路点。

2）标记电路图，将主接线图转换成阻抗图，计算短路电流并输出 Word 文档。

3）看计算结果是否符合要求，进行电路参数修改，设置计算短路电流的参数。

4）添加主接线图中各个设备的型号、参数等内容。

2.　继电保护计算

1）根据要求计算电力变压器需要的各种保护参数。

2）对补偿柜内电容进行继电保护参数计算。

3）对大型异步电动机和同步电动机进行相关继电保护计算。

4）对 6～10kV 电力母线进行过电流保护和速断保护参数计算。

5）对 6～10kV 电力母线进行相关继电保护计算。

3.　变配电室设计

1）变配电平面图绘制，门窗插入。

2）变压器插入，变配电柜插入及编辑。

3）电缆沟设计及编辑。

4）变配电室剖切图，标注及图案填充。

项目 8　绘制简单建筑平面图

项目任务

任务 1：绘制实训楼建筑图

图 8.1 所示为实训楼建筑平面图。

任务 2：绘制民用建筑图

图 8.2 所示为普通民用建筑图。

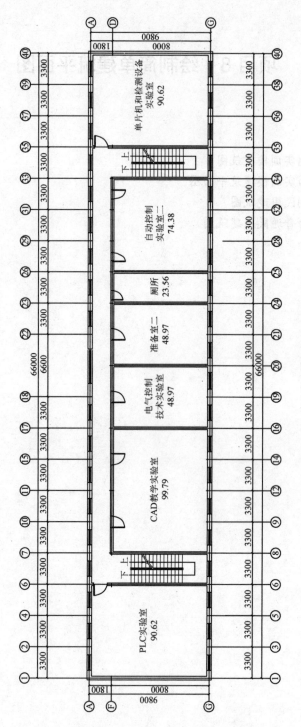

图 8.1 实训楼建筑平面图

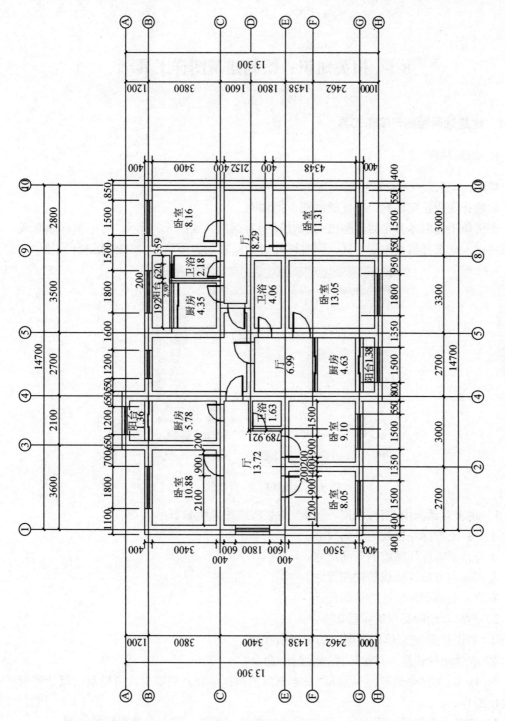

图 8.2 普通民用建筑图

8.1 相关知识：绘制建筑图样工具

8.1.1 建筑轴网绘制与编辑工具

1．绘制轴网

菜单：<建筑>→<绘制轴网> 开

功能：生成正交轴网、斜交轴网或单向轴网。

在菜单上选取本命令后，弹出<绘制轴网>对话框，如图 8.3 所示。可用鼠标选取或由键柱键入来选择数据生成方式，同时可在对话框右侧的预览区中对轴线进行预览。

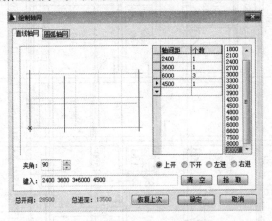

图 8.3 <绘制轴网>对话框

1）现就对话框中<直线轴网>选项卡的某些选项说明如下：

上开：上方标注轴线的开间尺寸。

下开：下方标注轴线的开间尺寸。

左进：左方标注轴线的进深尺寸。

右进：右方标注轴线的进深尺寸。

2）删除。删除数据的步骤如下：

① 右击开间/进深框中要删除的数据所在行。

② 在弹出的快捷菜单中选择<删除行>命令。

3）添加。将<个数>与<轴间柜>文本框内的数据添加到列表中。可以双击尺寸列表以简化操作。

4）恢复上次数据。读取前一次有效操作的轴网数据，便于重建损坏的轴网。

5）预览区。显示直线轴网，随输入数据的改变而改变，"所见即所得"。

现参考表 8.1 的数据，介绍如何利用对话框输入数据。首先以输入上开间数据为例说明在对话框中使用的数据输入方法，选中<上开>单选按钮后开始输入数据。

表 8.1　直线轴网数据表

上开间	6000×4，7500，4500
下开间	2400，3600，6000×4，3600，2400
左进深	4200，3300，4200
右进深	

6）任选以下四种输入方式之一，在轴网尺寸区中输入数据。

① 利用重复个数和尺寸列表，输入进深开间尺寸。

方式 a：使用重复个数与表内尺寸值。

在<个数>下拉列表中选择<4>，在<轴间距>下拉列表中选择<6000>。

方式 b：使用键盘在<个数>与<轴间距>文本框内直接输入。

将光标移到<个数>文本框，清除原来的数据，由键盘键入 4。同理移动光标至<轴间距>文本框，由键盘键入 6000。

方式 c：连续双击直接输入数据。

直接在<轴间距>下拉列表中双击尺寸=6000，可直接按照当前个数与尺寸的数据输入，如果当前<个数>为 1，重复双击 6000 四次即可。

② 利用<键入>文本框和 Enter 键，按默认格式输入。

将光标移到<键入>文本框，由键盘键入所需数据后按 Enter 键，此数立即加入到开间/进深框中，两个数据间应以空格分开。当数据重复时，输入"尺寸×重复数"，如键入 6000×4。

输入上开间的数据后，再输入下开间的数据；当然也可以先输入下开间的数据。选中<下开>单选按钮后，输入下开间的数据。

　　如果下开间的数据与上开间的相同，则可不必单击下开间的按钮，跳过此步，而输入进深的数据。

对进深重复类似的操作，直至输完进深的数据。

输入所有的数据后，单击<确定>按钮，这时对话框消失，命令行提示如下：

　　　点取位置或 [转 90 度<A>/左右翻<S>/上下翻<D>/对齐<F>/改转角<R>/改基点<T>]<退出>：

点取定位点后，绘出所要的轴网，如图 8.4 所示。

2. 轴网生墙

功能：根据时间要求剪裁结束的轴网转变成墙体。

在修剪完的轴网中，单击选择一条轴线，再右击，弹出如图 8.5（a）所示的快捷菜单，在菜单中选择<单线变墙>命令，弹出如图 8.5（b）所示的<单线变墙>对话框，同时命令行提示如下：

选择要变成墙体的直线、圆弧或多段线：

此时，在图 8.5（b）所示的对话框内选择完墙体参数，用框选的形式把需要变成墙体的轴线选中，然后按 Enter 键或右击。结束操作，得到图 8.6 所示的操作结果。

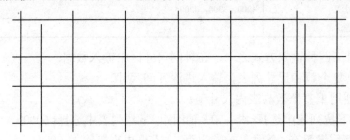

图 8.4　用表 8.1 中数据生成的直线轴网

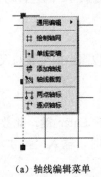

（a）轴线编辑菜单　　　　　　　　　　　　　　（b）<单线变墙>对话框

图 8.5　轴线生成墙体的操作过程

> **提　示**
>
> 能够变成墙体的是闭合的中间没有断点的轴线。断开就无法变成墙体，如图 8.6 中的单段轴线。

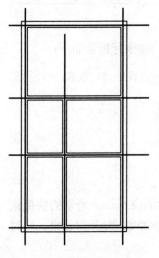

图 8.6　生成的墙体图形

3. 两点轴标

功能：选择起始轴与结束轴，在已生成的双向轴网上标注轴线号和尺寸。

命令要求点取轴网需标注的起始轴线，再点取另一边的终止轴线，进入对话框选择标注选项。确认后程序按要求标注出所选轴线的轴号及尺寸。由于程序针对不同轴网，会自动选择不同的命令交互序列，以下分几种情况介绍：

点取需要标注轴号的轴线，可选择毫无关联的轴线，同时命令行提示如下：

点取待标注的轴线<退出>：
请选择起始轴线<退出>：

继续标注轴号，直至标注结束。

（1）双侧标注

单击绘图界面内的任意轴线，再右击，在弹出的快捷菜单中选择<两点轴标>命令［图 8.7（a）］，弹出<轴网标注>对话框，同时命令行提示如下：

　　　请选择起始轴线<退出>

点取起始轴线后，命令行接着提示：

　　　请选择终止轴线<退出>：

点取终止轴线后按 Enter 键或右击，就会出现如图 8.8 所示的标注结果。

（a）

（b）

图 8.7　轴线标注的操作过程

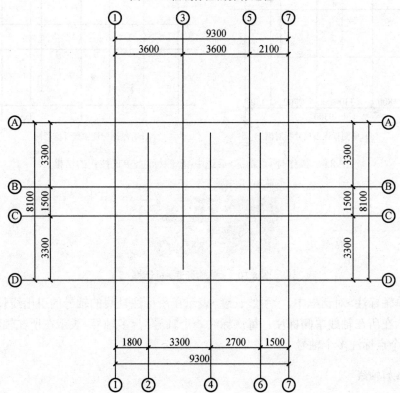

图 8.8　操作<两点轴标>后选中<双侧标注>单选按钮的结果

（2）单侧标注

<单侧标注>表示在所在轴线的两侧中的一侧标注轴号和尺寸，此时勾选<尺寸标注对侧>复选框表明在轴线轴号的对面进行标注尺寸，否则在本侧标注轴号和尺寸。操作步骤与双侧标注相同。图8.9所示为操作<两点轴标>后选中<单侧标注>单选按钮的结果。

4. 逐点轴标

功能：逐个选择轴线标注互不相关的多个轴号。本命令用于不能以自动方式标注的轴网，以交互方式逐个对轴线进行标注。

选取本命令后，弹出如图8.10所示的<单轴标注>对话框，命令行提示如下：

点取待标注的轴线<退出>：

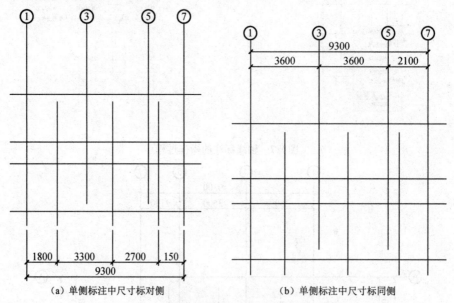

（a）单侧标注中尺寸标对侧　　　　　　　　（b）单侧标注中尺寸标同侧

图 8.9　操作<两点轴标>后选中<单侧标注>单选按钮的结果

图 8.10　<单轴标注>对话框

在<单轴标注>对话框中，<引线长度>表示在所标注轴线的轴号的引出线长度；<单轴号>表示在所在轴线单侧标注，每次标注一个轴号；<多轴号>表示在所在轴线单侧标注，在每个点标注多个轴号。

5. 添加轴线

功能：在已有轴网基础上增加轴线。本命令可在矩形、弧形、网形轴网中加入轴线和附加轴线，并自动插入轴号及重排后的轴号。

单击任意轴线，轴线处于选中状态后右击，在弹出的快捷菜单中选择<添加轴线>命令（图 8.11），命令行提示如下：

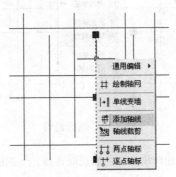

图 8.11　添加轴线

选择参考轴线<退出>：

单击参考轴线以后，出现下面提示：

新增轴线是否为附加轴线?<是(Y)/否(N)><N>：

新添加的轴线是否为附加轴线，是就输入"Y"后按 Enter 键，不是就输入"N"后按 Enter 键。然后出现下面提示：

偏移方向<退出>：

选择向左偏移还是向右偏移，向左偏移鼠标在参考轴线左侧单击，向右偏移鼠标在参考轴线右侧单击。然后出现下面提示：

距参考轴线的距离<退出>：500

输入新添加轴线和参考轴线的距离，然后按 Enter 键或右击结束添加。

6. 轴线裁剪

功能：裁掉轴网的一部分。

轴网中部分区域的轴线是无用的，如 L 形建筑空白区和房间内轴线，为了图面清晰，需将这些多余的线段清除。本命令可根据设定的多边形范围，对多边形内的轴线进行裁剪，实现上述要求。

单击任意轴线，轴线处于选中状态后右击，在弹出的快捷菜单中选择<轴线裁剪>命令（图 8.12），命令行提示如下：

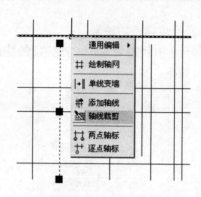

图 8.12　轴线裁剪

矩形的第一个角点或 [多边形裁剪 (P) /轴线取齐 (F)] <退出>：

单击矩形的第一个角后，命令行提示如下：

另一个角点 <退出>：

即按矩形区域将一部分轴线剪裁掉。

如果输入 P，则系统进入多边形剪裁，命令行提示如下：

多边形的第一点 <退出>：

选取多边形第一点，命令行接着提示：

下一点或 [回退 (U)] <退出>：

选取第二点，提示如下：

下一点或 [回退 (U)] <封闭>：

选取下一点或按 Enter 键封闭该多边形。

用户无须使最后一点和起点重合，程序自动形成封闭区，该区内的轴线被剪裁。裁剪结果如图 8.13 所示。

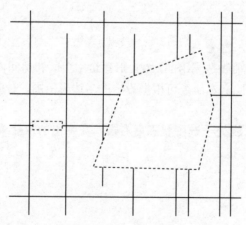

图 8.13　裁剪结果

7. 绘制墙体

菜单：<建筑>→<绘制墙体> ▬

功能：可启动一个非模式对话框，其中可以设定墙体参数，不必关闭对话框，即可直接绘制直墙、弧墙和用矩形方法绘制自定义墙体对象，墙线相交处自动处理，墙宽、墙高可随时改变，墙线端点有误可以回退。

1）选取本命令后弹出<绘制墙体>对话框，如图 8.14 所示，对话框中包括墙高、材料的设定、左右宽关系，以及画墙方式和捕捉开关，现分别说明如下：

① 墙宽参数包括左宽和右宽，其中墙体的左、右宽度，指沿墙体定位点顺序，轴线左侧和右侧部分的宽度，对于矩形绘制墙体，则分别对应基线内侧宽度和基线外侧的宽度，对话框相应提示改为内宽、外宽。其中左宽（内宽）、右宽（外宽）都可以是正数，也可以是负数，也可以为零，但总宽不能为零。

② 左右宽关系确定上面三个参数修改时的逻辑关系，其中选择任意一个参数固定不变，用户可改变其他一个，然后程序根据固定参数推算出第三个参数。

③ 墙体材料是控制墙体二维表示的重要手段，可从<材料>下拉列表列出的各种墙体材料中选择当前材料。

命令开始执行时提示：

起点或<参考点 (R)><退出>：

输入墙线起点或键入 R 参考点定位。

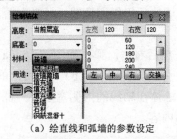

（a）绘直线和弧墙的参数设定

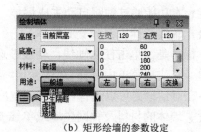

（b）矩形绘墙的参数设定

图 8.14　<绘制墙体>对话框

2）通过对话框下方的工具图标按钮，可选择画直墙、弧墙和由四段相连直墙构成的矩形房间几种画墙方式。

① 直墙。当绘制墙体的端点与已绘制的其他墙段相遇时，自动结束连续绘制，并开始下一连续绘制过程。绘制直墙时命令交互：

直墙下一点或 [弧墙 (A) /矩形画墙 (R) /闭合 (C) /回退 (U)]<另一段>：

画直墙的操作类似于 LINE 命令，可连续输入直墙下一点，或按 Enter 键结束绘制。拖动橡皮筋时，屏幕会出现距离方向提示。输入"U"退到上一段墙体。输入"C"闭合，指当前点与起点闭合形成封闭墙体，同时连续墙体绘制过程结束。

② 弧墙。可用三点和两点加半径方式画弧墙，用半径方式时，应按逆时针方向点取弧端的起点和终点，在本命令中只能逐段绘制弧墙，绘制弧墙时命令交互：

起点或[参考点(R)]<退出>:

弧墙终点或[直墙(L)/矩形画墙(R)]<取消>:

点取弧上任意点或[半径(R)]<取消>:

绘制完一段弧墙后，切换到"弧墙终点或[直墙（L）/矩形画墙（R)]<取消>:"状态。不需要继续绘制墙体时，按 Esc 键结束。

③ 矩形绘墙。通过指定房间对角点，生成四段墙体围成的矩形房间，当组成房间的墙体与其他墙体相交时会自动进行交点处理，重合时将提示并自动清除多余墙体。墙宽参数与直墙相同，绘制矩形房间时命令交互：

起点或[参考点(R)]<退出>:

给出矩形房间的一个角点，命令行接着提示：

另一个角点或[直墙(L)/弧墙(A)]<取消>:

输入矩形房间的另一角点。

④ 自动捕捉。本命令绘制墙体时提供自动捕捉方式，并按照墙基线端点、轴线交点、墙垂足、轴线垂足、墙基线最近点、轴线最近点的优先顺序进行。自动捕捉生效时，自动关闭 AutoCAD 的对象捕捉，如果用户要利用 AutoCAD 的对象捕捉功能，则要把自动捕捉关闭。

8. 轴线生墙

功能： 本功能通过轴网自动生成墙体，变成墙体后仍保留轴线，且具有智能判断设计，不会把轴线的伸出部分变成墙体。

具体操作是，单击任意轴线，轴线被选中，然后右击，弹出如图 8.15（a）所示的快捷菜单，在快捷菜单内选择<单线变墙>命令，弹出如图 8.15（b）所示的<单线变墙>对话框。在对话框内可以选择内外墙的宽度、外墙体在轴线的内侧宽度和外侧宽度、墙体的高度、墙体的材料及轴网生墙或单线变墙等内容。

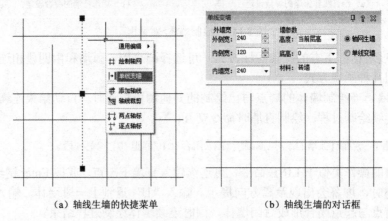

（a）轴线生墙的快捷菜单　　　　　　　　（b）轴线生墙的对话框

图 8.15　轴线生墙的操作过程

在弹出如图 8.15（b）所示的对话框的同时，命令行出现下面提示：

选择要变成墙体的直线、圆弧或多段线：

出现这种提示以后，框选需要变成墙体的轴线，直至把需要变成墙体的轴线都选中，最后右击或按 Enter 键结束操作，出现如图 8.16 的结果。

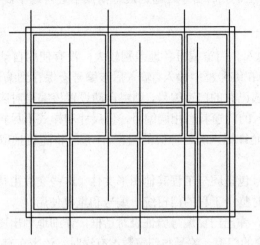

图 8.16　轴线生墙的结果

8.1.2　门窗插入与编辑工具

菜单：<建筑>→<门窗>

功能：在墙上插入各种门窗，包括普通门、普通窗、门连窗、子母门等类型，在每一种类型门窗对应的对话框中可输入各自不同的参数。

1. 插普通门窗

（1）<门>对话框

<门>对话框中部为参数输入区，其左侧为平面样式设定框，右侧为三维样式设定框，对话框下部为插入方式按钮和转换功能按钮，如图 8.17 所示。参数输入区中的参数在调用本命令过程中可随时改变，各设定框中参数的设定和按钮功能说明如下：

图 8.17　<门>对话框

1）尺寸参数输入区。尺寸参数输入框中包括门宽、门高、门槛高、编号、距离五个下拉列表，单击右侧下拉按钮，在下拉列表中选择任一参数，该参数成为设定值。如输入参数在列表中不存在，可从键盘输入，距离参数仅在<轴线定距>、<垛宽定距>、<上层门窗>时有效。

门槛高指门的下缘到所在的墙底标高的距离，通常就是离本层地面的距离。对于无地下室的首层外墙上的门，由于外墙的底标高低于室内地平线，因而门槛高应输入离室外地坪的高度。

2）门窗编号的输入。门窗编号各地差别较大，没有使用自动编号方式。如需在图中标出门、窗编号，可在编号框中输入，输入后该编号会保存到编号列表中供以后选用。如果从下拉列表中挑选已有的门窗编号，则将自动设置该编号对应的一组尺寸参数及门窗样式。如果已经插入的门窗具有相同编号，但尺寸和样式不尽相同（此时不合理的情况已经出现，系统不允许插入编号冲突的门窗），系统将随机抽取其中的一个已插入的门窗的数据。

下拉列表中的编号包括同一工程其他图形文件（这些文件由楼层表描述）所使用的门窗编号，可以便于对整个工程的门窗统一编号和重复使用。

单击<查表>按钮，弹出门窗编号验证表对话框，详细地列出图中的所有门窗类型，并能看到哪些是有冲突的门窗，编号与门窗数据有误时，该表在有误门窗数据栏中显示<冲突>，便于用户查错。选择没有冲突的门窗类型。

参与编号验证的包括同一工程各文件所使用的门窗，同一工程所属的图形文件由<门窗表>命令加以定义。

3）平面样式设定框。用于设定平面图中门符号的样式，在该框内任点一点，屏幕弹出二维门选择框，如图 8.18 所示。点取任一门样式，该样式成为当前门样式，如不修改，插入门时，在平面图中均采用该样式。

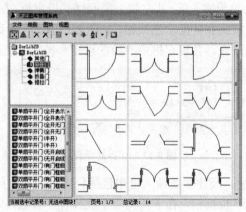

图 8.18   <天正图库管理系统>平面样式对话框

4）三维样式设定框。用于设定平面图中门符号样式，在该框内任点一点，弹出三维门选择框，如图 8.19 所示。点取任一门样式，该样式成为当前门样式，如不修改，插入门时，在平面图中均采用该样式。

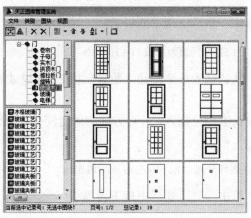

图 8.19 <天正图库管理系统>三维样式对话框

5）操作方式按钮。在本对话框中提供多种方式插入门窗或替换门窗，当前操作方式的按钮处于按下的状态。在操作中可随时改变操作方式，在操作过程中改变二维或三维样式并改变其他参数时，动态图形立即生效。

（2）自由插入

可在墙段的任意位置插入，并显示门窗两侧到轴线的动态尺寸。如果没有动态尺寸，说明光标位置没有在墙体内（没有在基线附近），或者所处位置插入门窗后将与其他构件，如柱子、门窗发生干涉，但是用户仍然可以插入门窗（此后可以通过移动或删除来排除干涉）。利用这种方式插入时，要配合模数开关（Shift+F12）才能准确定位，鼠标控制内外开，Shift 键控制左右开（单击一次就进行切换），一次点取门窗的位置和开启方向就完全确定。命令行提示如下：

点取门窗插入位置(Shift-左右开)<退出>：

（3）沿墙顺序插入

以墙段的起点为基点，按给定距离插入选定参数类型的门窗，点取墙段的位置有讲究，即从轴线与墙线的交点和边线上顶点中挑选一个更接近于点取位置的点作为基点。此后顺着方向连续插入，并且插入过程中可以改变门窗参数。命令行提示如下：

点取直墙<退出>：

点取要插入门窗的墙线，命令行接着提示：

输入从基点到门窗侧边的距离或[取间距1200(L)] <退出>：

输入距离鼠标最近墙体的距离，单击插入门的墙体，即按要求插入门。

（4）轴线等分插入

在点取相邻的曲轴线和墙段的交点间等分插入，如果端段内缺少轴线，则该侧按整段等分插入。屏幕将出现门窗的动态图形，以便用户点取的同时能够确定门窗的开启方向（使用规则同<自由插入>）。单击<取轴线等分插入>，命令行提示如下：

点取门窗大致的位置和开向(Shift-左右开)<退出>:

点取需要插入门窗的墙体,然后出现下面提示:

指定参考轴线<S>/门窗或门窗组个数(1~3)<1>:

输入插入门窗的个数,默认插入一个,输入数量后按 Enter 键或右击。

(5)墙段等分插入

在插入点处按墙段长度等分插入,开启方向的确定同<自由插入>。单击本方式图标后,命令行提示如下:

点取门窗大致的位置和开向(Shift-左右开)<退出>:

在插入门、窗的墙段上单击一点,然后出现下面提示:

门窗\门窗组个数(1~3)<1>:

输入插入门窗的个数,括号中给出可用个数的范围。

(6)垛宽定距插入

自动选取墙体边线离点取位置最近的特征点,并将该点作为参考位置快速插入门窗,垛宽距离在对话框中预设。开启方向的确定同<自由插入>。单击本方式图标后,命令行提示如下:

点取门窗大致的位置和开向(Shift-左右开)<退出>:

按定义垛宽一侧选择插入门窗的墙段。

(7)轴线定距插入

自动选取位置最近的轴线与墙体的交点,并将该点作为参考位置快速插入门窗。使用方法同上。

(8)角度插入

按给定角度在弧线段上插入门窗。使用本方式,命令行提示如下:

点取弧墙<退出>:

点取弧线墙,命令行接着提示:

门窗中心的角度<退出>:

输入需插入门窗的角度值。

(9)满墙插入

门窗在门窗宽度方向上完全充满一段墙,使用这种方式时,门窗宽度参数由系统自动确定,使用本方式,命令行提示如下:

点取门窗大致的插入位置和开启方向(Shift-左右开) <退出>:

用以上方式插入的门,结果是满墙插门,内墙上用轴线定距方式,斜端用墙段等分方式,其余用轴线等分方式插门。

（10）插入上层门窗

上层门窗指在已存有的门窗上再加一个宽度相同、高度不同的门窗，在厂房或大堂的墙体上会出现这样的情况。

在其中输入上层窗的窗高、窗台到下层窗顶的距离、编号。上层门窗只在三维中显示，平面图中只展示其编号。使用本方式时，提示尺寸参数，上层窗的顶标高不能超过墙顶高。然后把光标切换到作图区，此时命令行提示如下：

　　选择下层门窗：

操作完毕在所选门窗上插入上层门窗。

（11）门窗替换

本方法用于批量修改门窗参数，包括门窗类型之间的转换。本方式用对话框内的参数作为目标参数，替换图中已经插入的门窗。使用本方式前应先将<替换图中已经插入的门窗>按钮按下，参数对话框右侧出现参数过滤开关，如图 8.20 所示。在替换中如不改变某一参数，可取消勾选该参数前的复选框，对话框中该参数按原图保持不变。例如，将门改为窗，宽度不变，应取消勾选<宽度>复选框。使用本方式，命令行提示如下：

　　选择被替换的门窗：

选取或框选要替换的门窗，按 Enter 键结束。所选门窗被替换。

图 8.20　<门连窗>对话框 1

2. 插普通窗

插入普通窗的参数输入对话框和操作方法及命令行提示与普通门相同，参数输入对话框如图 8.21 所示，各参数的设定方法和窗的插入方式等，与插入门操作相似，在普通窗中还有<高窗>复选框。

图 8.21　<窗>对话框

<高窗>复选框用于将普通窗转为高窗，勾选该复选框后，不改变窗的其他参数。因此，应在勾选该复选框前应先调整窗台高，使该窗在三维显示中出现在正确的位置。

　　高窗的虚线有时显示不出来，可能是线型比例不合适的原因，线型比例与当前比例有关，在 1∶100 的图上，线型比例应当设为 1000 左右。

3. 插门连窗

门连窗是常用的门窗类型之一，在门窗表中作为一个构件进行统计，无法使用一个门加一个窗简单替代。<门连窗>对话框如图 8.22 所示，其中总宽为门连窗宽，门连窗在三维与立面中显示的样式，需按门、窗分别设定。点取三维门样式，可设定门样式；点取三维窗样式，可设定窗样式，插入门连窗的方法与标准门窗相同。

图 8.22　<门连窗>对话框 2

4. 插子母门

子母门是常用的门窗类型之一，在门窗表中作为一个构件进行统计，不能使用两个标准门替代。<子母门>对话框如图 8.23 所示，其中总门宽为子母门宽，子母门在三维中显示的样式，需按大、小门分别设定，其他操作同门连窗。选取本命令，弹出<子母门>对话框，插入子母门的方法与标准门窗相同。

图 8.23　<子母门>对话框

5. 插弧窗

本命令可在弧墙上插圆弧窗（弧墙上也可以插入前面的门窗类型），在门窗对话框的工具栏单击<插弧窗>按钮，弹出如图 8.24 所示的<弧窗>对话框。对话框内容与门窗参数对话框类似。

图 8.24　<弧窗>对话框

6. 插凸窗

本命令用于在外墙上插入凸窗，凸窗方向可以通过夹点拖动改变。在本命令中提供梯形、三角形、圆弧形、矩形四种凸窗。插入凸窗的方法与插入其他门窗类似。在门窗对话框的工具栏单击<插凸窗>按钮，弹出如图 8.25 所示的<凸窗>对话框，可在其中选择各种凸窗形式。

图 8.25   <凸窗>对话框

7. 内外翻转

功能：选择需要内外翻转的门窗，统一以墙中为轴线进行翻转。

本命令用于对已插入的门、窗进行翻转处理。单击要进行内外翻转的门，门处于选中状态，然后右击，弹出如图 8.26 所示的快捷菜单，选择<内外翻转>命令，然后门就改成向外开。

8. 左右翻转

功能：选择需要左右翻转的门窗，统一以门窗为轴线进行翻转。

本命令对已插入的门、窗进行翻转处理。单击要进行内外翻转的门，门处于选中状态，然后右击，弹出如图 8.27 所示的快捷菜单，选择<左右翻转>命令，然后向右开的门就改成了向左开的门。

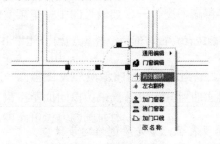

图 8.26   内外翻转

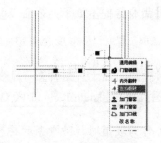

图 8.27   左右翻转

8.1.3   楼梯插入及编辑工具

1. 直线梯段

菜单：<建筑>→<直线梯段>

功能：在对话框中输入梯段参数绘制直线梯段，用来组合复杂楼梯。

选取本命令后，弹出如图 8.28 所示的<直线梯段>对话框，在对话框中输入楼梯的参数。

图 8.28   <直线梯段>对话框

<直线梯段>对话框中的选项说明如下：

1）<梯段高度>：直线梯段的总高。

2）<梯段宽>：梯段宽度。该项为按钮项，可以选取，点取后在图中点取梯段宽。凡是在对话框中与<梯段宽>一样，为按钮式的选项，均可选取后在图中点取两点确定该值。

3）<踏步宽度>：直线梯段的踏步宽度。

4）<踏步高度>：输入一个概略的踏步高度设计初值，由楼梯高度推算出最接近初值的设计值。由于踏步数目是整数，而梯段高度是一个给定的整数，因此踏步高度并非总是整数。用户给定一个概略的目标值后，系统经过计算，才能确定精确的目标值。

在对话框中该项为蓝色，将鼠标指针放在该项上，即可看到弹出的程序对该项的注解，凡在对话框中为蓝色的选项均有类似的注解，用户可以查看。

5）<踏步数目>：在对话框中该项为程序自动计算，是由梯段高度和踏步高度推算出的整数，用户不用输入。

6）<起始高度>：相对于本楼层地面起算的楼梯起始高度，梯段高度以此算起。

7）需要 3D/2D：用来控制梯段的二维视图和三维视图，某些梯段只需要二维视图（完全在视线高度以上，而下层没有与之相同的梯段），某些梯段则只需要三维（完全在视线高度以上，而下层没有与之相同的梯段）。

同时命令行提示如下：

点取位置或[转90度(A)/左右翻转(S)/上下翻转(D)/改转角(R)/改基点(T)]<退出>：

输入梯段的插入位置和转角。

1）作为坡道时，防滑条的稀密通过楼梯踏步表示，事先要选好踏步数量。

2）坡道的长度可以直接给出，但依然会被踏步数与踏步宽所调整。

3）"天正基本设定"中有"单剖切线"和"双剖切线"可供选择。

2. 圆弧梯段

菜单：<建筑>→<圆弧梯段>

功能：在对话框中输入梯段参数，绘制弧形梯段，用来组合复杂楼梯。

选取本命令后，弹出<圆弧梯段>对话框，如图 8.29 所示，在对话框中输入楼梯的参数。同时命令行提示如下：

点取位置或[转90度(A)/左右翻转(S)/上下翻转(D)/改转角(R)/改基点(T)]<退出>：
点取楼梯插入位置点或选取相应关键字进行操作

即在图中指定位置绘制弧段楼梯。

图 8.29　<圆弧梯段>对话框

3．双跑楼梯

菜单：<建筑>→<双跑楼梯> ▥

功能：在对话框中输入梯间参数，直接绘制双跑楼梯。

选取本命令后，弹出如图 8.30 所示的<双跑楼梯>对话框，输入参数。同时命令行提示如下：

点取位置或[转 90 度(A)/左右翻转(S)/上下翻转(D)/改转角(R)/改基点(T)]<退出>：

点取楼梯插入位置点或选取相应关键字进行操作，即在图中指定位置绘制双跑楼梯。

图 8.30　<双跑楼梯>对话框

8.2　任务实施：实训楼及民用建筑图样的绘制

本项目内容是为建筑电气作基础的，因此只要求绘制建筑的基本项目，如墙体、门、窗、楼梯等。公用类建筑是带大型楼梯和走廊的建筑，比较简单，绘制方法采用绘制建筑网，剪切轴网，形成建筑格局后将轴线转变成墙体，再添加门窗和楼梯，最后进行标注。民用建筑类属于较复杂的建筑，绘制方法是先绘制轴网，轴网是大致将建筑分割一下，然后沿着轴线绘制墙体。根据实训楼二楼平面图 8.1 及民用住宅图 8.2 所示，本项目的内容包括轴网、标注、墙体、门窗和楼梯灯，设计的时候按照这几方面操作。

1）根据建筑房间的大小建立轴网图，对不需要变成墙体的轴线进行裁剪。

在设计建筑图的时候，经常假想墙体中有条线，作为墙体的轴线。在绘制墙体的时候可以设置轴线在墙体中心，也可以不在墙体中心或与墙体一边线重合。绘制的横向和竖向的轴线组成轴网，将不需要变成墙体的轴线剪切掉一部分就形成最后的轴网图。

2）将裁剪完的轴网转换成墙体，再用普通建筑用绘制墙体的方式绘制，设置墙体厚度。

对于比较规整的建筑，编辑完后轴网图可以直接生成墙体；对于民用建筑绘制完轴网图，再用绘制墙体的工具绘制墙体。

3）根据墙体需要插入合适长度的窗体，在不同的位置选择不同的窗体并进行必要编辑。

插入门窗的时候，是在插入点自动打断墙体插入，所以前面绘制墙体的时候不用考虑门窗的位置。插入窗体的时候，确定窗体位置条件，选择插入的方式。

4）根据墙体需要插入合适长度的门，在不同的位置选择不同的门并进行必要编辑。

在插入门的时候，要确定门的种类大小，选择门的样式，设定门的参数，再根据门的位置条件选择插入的方式，最后进行必要的编辑。

5）根据建筑的不同，选择不同形式的楼梯，根据楼梯间大长宽编辑楼梯。

根据楼梯间宽度设定楼梯的宽度，根据楼层高度设定楼梯的高度，设定踏步数及踏步高度和宽度等参数，将参数调整到符合要求以后放入楼梯间。

6）对建筑进行标注和房间命名。

建筑标注常采用对轴线的逐点轴标，对建筑的快速标注和逐点标注。房间命名是用<搜索房间>命令，选择需要标注的所有房间，然后按 Enter 键，再对标注结果进行修改，编辑完成。

项目 9 CAD 三维绘图基础

任务 9.1 三维绘图基本知识

AutoCAD 2014 提供了用于三维绘图的工作界面，并提供了三维绘图控制台，从而方便了用户的三维绘图操作。UCS 是三维绘图的基础，利用其可使用户方便地在空间任意位置绘制各种二维或三维图形。对于三维模型，通过设置不同的视点，能够从不同的方向观看模型，能够控制三维模型的视觉样式，即控制模型的显示效果等。

1. 三维造型工作界面

AutoCAD 2014 专门提供了用于三维造型的工作界面，即三维建模工作空间。从二维草图与注释工作界面切换到三维造型工作界面的方法：选择"工具"→"工作空间"→"三维建模"命令，进入 AutoCAD 2014 时默认界面并没有显示"工具"菜单栏，可通过单击"快速访问工具栏"下拉按钮，在弹出的下拉列表中选择"显示菜单栏"命令来显示"工具"菜单栏。图 9.1 是 AutoCAD 2014 的三维造型工作界面，其中界面启用了栅格功能。

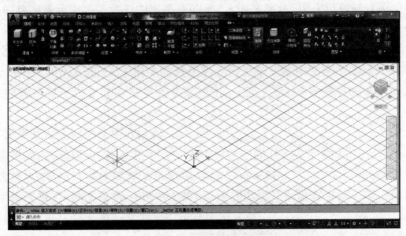

图 9.1 三维建模工作界面

三维建模工作界面由坐标系图标、建模界面和控制面板等组成。用户可以像二维绘图一样，通过菜单栏和命令窗口执行 AutoCAD 的三维命令，但利用控制面板可以方便地执行 AutoCAD 的大部分三维操作。

2. AutoCAD 2014 三维坐标系

在 AutoCAD 2014 中，三维坐标系可分为世界坐标系（WCS）和用户坐标系（UCS）两种形式。

世界坐标系是在二维世界坐标系的基础上增加 Z 轴而形成的，三维世界坐标系又称通用坐标系或绝对坐标系，是其他三维坐标系的基础，不能对其重新定义，输入三维坐标系（X，Y，Z）的方法与输入二维坐标系（X，Y）的方法相似。

为便于绘制三维图形，AutoCAD 允许用户定义自己的坐标系，用户定义的坐标系称为用户坐标系（UCS）。新建 UCS 的命令是"UCS"，在实际绘图中，利用 AutoCAD 界面右上角的 ViewCube 工具下方的"WCS"下拉列表（图 9.2）或工具栏（图 9.3）可创建 UCS。

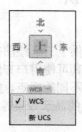

图 9.2   "WCS"下拉列表   图 9.3   新建"USC"命令

3．视图和视口

通过"视图"面板或选择"视图"→"三维视图"命令可以对三维模型进行不同角度的观察，通过 ViewCube 工具在模型的标准视图和等轴测视图之间进行切换。

右击 ViewCube 工具，在弹出的快捷菜单中选择"透视模式"命令，将视图切换到透视模式；选择"ViewCube 设置"命令，可在打开的"ViewCube 设置"对话框中对其各项参数进行自定义设置，如图 9.4 所示。

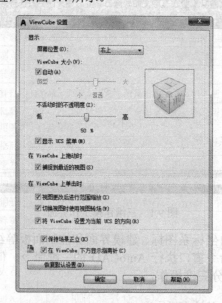

图 9.4   "ViewCube 设置"对话框

视口是显示用户模型的区域。可以将绘图区域拆分成一个或多个相邻的矩形视图，即模型空间视口。在绘制复杂的三维图形时，显示不同的视口可以方便通过不同的角度和视图同时观察和操作三维图形。创建的视口充满整个绘图区域并且相互之间不重叠，在一个视口进行编辑和修改后，其他视图会立即更新。

可以通过选择"视图"→"视口"命令，得到图 9.5 所示的"视口"命令。

图 9.5 "视口"命令

4. 视觉样式和视觉样式管理器

用于设置视觉样式的命令是 VSCURRENT，通过选择"视图"→"视觉样式"命令或利用"视觉样式"工具栏，可以方便地设置视觉样式。"视图控制台"下拉列表中是一些图像按钮，从左到右、从上到下依次为二维线框、概念、隐藏、真实、着色、带边缘着色、灰度、勾画、线框和 X 射线，如图 9.6 所示。

"视觉样式管理器"对话框用于管理视觉样式，对其面、环境、边、光源等特性进行自定义设置。通过选择"视图控制台"下拉列表或"视觉样式"工具栏中的"视觉样式管理器"命令，可以打开"视觉样式管理器"对话框，如图 9.7 所示。

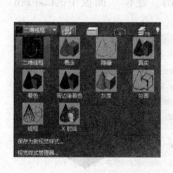

图 9.6 视觉样式

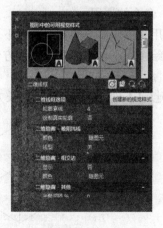

图 9.7 "视觉样式管理器"对话框

任务 9.2 绘制三维造型

本节主要学习利用三维实体工具栏创建长方体、球体、圆柱体等基本三维形体；通过拉伸、旋转命令将闭合二维图形拉伸生成实体。

1. 绘制三维基本几何体

利用三维实体工具栏可以快速地创建基本的三维实体，通过"建模"面板中的长方体、圆柱体、圆锥体、球体、棱锥体、楔体、圆环体命令，可直接创建基本的三维实体。这里只介绍基本体的绘图命令，建议读者在练习时使用图标命令，这样作图会更加快捷。

表 9.1 为"建模"面板基本按钮的含义。

表 9.1 "建模"面板基本按钮的含义

按钮	功能	操作方法
	创建长方体	指定长方体的一个角点，再输入另一个角点的相对坐标
	创建圆柱体	指定圆柱体底部的中心点，输入圆柱体半径及高度
	创建圆锥体	指定圆锥体底面的中心点，输入锥体底面半径及锥体高度
	创建球体	指定球心，输入球半径
	创建棱锥体	指定棱锥体底面边数及中心点，输入锥体底面半径及锥体高度
	创建楔体	指定楔体的一个角点，再输入另一个对角点的相对坐标
	创建圆环体	指定圆环中心点，输入圆环体半径及圆管半径

（1）长方体命令

1）功能。

长方体命令用于创建实体长方体。

2）命令的调用。

调用长方体命令的方法有以下 3 种：①在命令窗口中输入"BOX"；②选择菜单栏中的"绘图"→"建模"→"长方体"命令；③单击"建模"面板中的█按钮。

3）应用。

【例 9.1】创建图 9.8 所示的长方体。

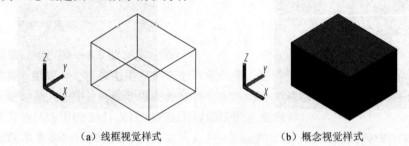

（a）线框视觉样式　　　　　　　　　（b）概念视觉样式

图 9.8　长方体

具体操作如下：

```
命令:_box
指定第一个角点或[中心点(C)]:                  //单击确定一点
指定其他角点或[立方体(C)/长度(L)]:C↙           //选择长、宽、高方式
```

指定长度:50✓	//输入长度 50
指定宽度:40✓	//输入宽度 40
指定高度:30✓	//输入高度 30

此时在绘图区中生成图 9.8 所示的图形。若未出现图 9.8 所示的实体，则选择"视图"→"三维视图"→"东南等轴测"命令即可看到生成的长方体。图 9.8（a）为线框视觉样式长方体，图 9.8（b）为概念视觉样式长方体。

（2）圆柱体命令

1）功能。

圆柱体命令用于创建以圆或椭圆为底面的实体圆柱体。

2）命令的调用。

调用圆柱体命令的方法有以下 3 种：①在命令窗口中输入"CYLINDER"；②选择菜单栏中的"绘图"→"建模"→"圆柱体"命令；③单击"建模"面板中的█按钮。

3）应用。

【例 9.2】创建图 9.9 所示的圆柱体。

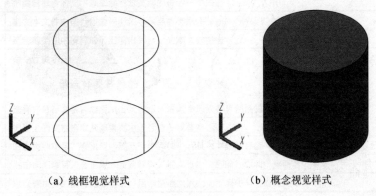

（a）线框视觉样式　　　　　　　　　（b）概念视觉样式

图 9.9　圆柱体

具体操作如下：

```
命令:_cylinder
指定底面的中心点或[三点(3P)两点（2P)切点、切点、半径(T)椭圆(E)]://单击确定一
点
指定底面的半径或[直径(D)]:30✓                                      //输入半径 30
指定圆柱体高度或[两点（2P)轴端点(A)]:60✓                           //输入高度 60
```

此时在绘图区中生成图 9.9 所示的图形，其中图 9.9（a）为线框视觉样式圆柱体，图 9.9（b）为概念视觉样式圆柱体。

（3）圆锥体命令

1）功能。

圆锥体命令用于创建实体圆锥、圆台或椭圆锥。

2）命令的调用。

调用圆锥体命令的方法有以下 3 种：①在命令窗口中输入"CONE"；②选择菜单栏

中的"绘图"→"建模"→"圆锥体"命令；③单击"建模"面板中的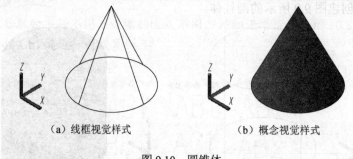按钮。

3）应用。

【例 9.3】创建图 9.10 所示的圆锥体。

具体操作如下：

命令：_cone
指定底面的中心点或 [三点 (3P) 两点 (2P) 切点、切点、半径 (T) 椭圆 (E)]：   //单击确定一点
指定底面半径或 [直径 (D)]：30↙   //输入底面半径 30
指定高度或 [两点（2P）/轴端点 (A)/顶面半径 (T)]：60↙   //输入高度为 60

此时在绘图区中生成图 9.10 所示的图形，其中图 9.10（a）为线框视觉样式圆锥体，图 9.10（b）为概念视觉样式圆锥体。

（a）线框视觉样式   （b）概念视觉样式

图 9.10   圆锥体

（4）球体命令

1）功能。

球体命令用于创建三维实体球体。

2）命令的调用。

调用球体命令的方法有以下 3 种：①在命令窗口中输入"SPHERE"；②选择菜单栏中的"绘图"→"建模"→"球体"命令；③单击"建模"面板中的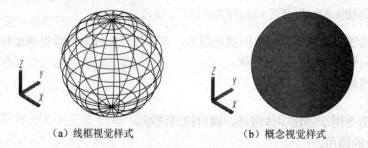按钮。

3）应用。

【例 9.4】创建图 9.11 所示的球体。

（a）线框视觉样式   （b）概念视觉样式

图 9.11   球体

具体操作如下：

命令：_sphere
指定中心点或[三点(3P)两点（2P)切点、切点、半径(T)]：　　　　//单击确定一
点
指定半径或 [直径(D)]:30✓　　　　　　　　　　　　　　//输入半径 30

球体上每个面的轮廓线的数目太小（为默认数值 4），可以通过 ISOLINES 变量来改变每个面的轮廓线的数目。在命令窗口中输入 "ISOLINES"，按 Enter 键，输入数值 15。这时在绘图区中生成图 9.11 所示的图形，其中图 9.11（a）为线框视觉样式球体，图 9.11（b）为概念视觉样式球体。

（5）棱锥体命令

1）功能。

棱锥体命令用于创建实体棱锥体。

2）命令的调用。

调用棱锥体命令的方法有以下 3 种：①在命令窗口中输入 "PRRAMID"；②选择菜单栏中的 "绘图"→"建模"→"棱锥体" 命令；③单击 "建模" 面板中的▲按钮。

3）应用。

【例 9.5】创建图 9.12 所示的棱锥体。

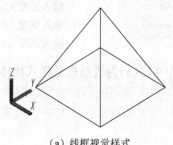
（a）线框视觉样式

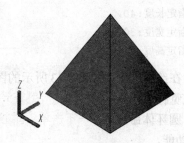
（b）概念视觉样式

图 9.12　棱锥体

具体操作如下：

命令：_prramid
指定底面的中心点或 [边(E)/侧面(S)]：　　　　　　　　//单击确定一点
指定半径或[内接(I)]:30✓　　　　　　　　　　　//输入外切圆半径 30
指定高度或[两点（2P)/轴端点(A)/顶面半径(T)]:60✓　　//输入高度 60

此时在绘图区中生成图 9.12 所示的图形，其中图 9.12（a）为线框视觉样式棱锥体，图 9.12（b）为概念视觉样式棱锥体。

（6）楔体命令

1）功能。

楔体命令用于创建沿 X 轴且具有倾斜面锥体形式的实体楔体。

2）命令的调用。

调用楔体命令的方法有以下 3 种：①在命令窗口中输入"WEDGE"；②选择菜单栏中的"绘图"→"建模"→"楔体"命令；③单击"建模"面板中的 ◣ 按钮。

3）应用。

【例 9.6】创建图 9.13 所示的楔体。

　　（a）线框视觉样式　　　　　　　　　　　　　　（b）概念视觉样式

图 9.13　楔体

具体操作如下：

```
命令:_wedge
指定第一个角点或[中心(C)]:                    //单击确定一点
指定其他角点或[立方体(C)/长度(L)]:l            //选择长、宽、高方式
指定长度:40✓                                 //输入长度 40
指定宽度:30✓                                 //输入宽度 30
指定高度:50✓                                 //输入高度 50
```

此时在绘图区中生成图 9.13 所示的图形，其中 9.13（a）为线框视觉样式楔体，9.13（b）为概念视觉样式楔体。

（7）圆环体命令。

1）功能。

圆环体命令用于创建实体圆环体。

2）命令的调用。

调用圆环体命令的方法有以下 3 种：①在命令窗口中输入"TORUS"；②选择菜单栏中的"绘图"→"建模"→"圆环体"命令；③单击"建模"面板中的 ◉ 按钮。

3）应用。

【例 9.7】创建图 9.14 所示的圆环体。

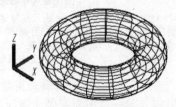

　　（a）线框视觉样式　　　　　　　　　　　　　　（b）概念视觉样式

图 9.14　圆环体

具体操作如下：

```
命令:_torus
指定中心点或[三点(3P)两点（2P)切点、切点、半径(T)]:         //单击确定一点
指定半径或 [直径(D)]:30✓                                 //输入圆环半径 30
指定圆管半径或 [直径(D)]:10✓                             //输入圆管半径 10
```

此时在绘图区中生成图 9.14 所示的图形，其中图 9.14（a）为线框视觉样式圆环体，图 9.14（b）为概念视觉样式圆环体。

2. 间接生成三维实体

（1）拉伸命令

1）功能。

拉伸命令用于拉伸二维对象来创建实体。

2）命令的调用。

调用拉伸命令的方法有以下 3 种：①在命令窗口中输入"EXTRUDE"（缩写 EXT）；②选择菜单栏中的"绘图"→"建模"→"拉伸"命令；③单击"建模"面板中的█按钮。

3）拉伸方法。

① 指定高度值拉伸。首先在俯视图中绘制图 9.15 所示的二维闭合图形。然后单击"实体"面板中的"拉伸"按钮█，选择所有图形，按 Enter 键，命令窗口中提示"指定拉伸高度"，输入数值 20，按两次 Enter 键，得到拉伸后的三维实体，如图 9.16 所示。

② 指定高度和倾斜角度值拉伸。以图 9.15 所示的图形为基础，执行"拉伸"命令，输入拉伸高度为 10、拉伸倾斜角度为 20°，得到的拉伸结果如图 9.17 所示。

图 9.15 二维闭合图形   图 9.16 拉伸一   图 9.17 拉伸二

③ 指定路径拉伸。绘制图 9.18 所示的封闭图形和弧线，执行"拉伸"命令后，选择二维封闭图形为拉伸对象，输入指定拉伸路径（P），选择弧线，按 Enter 键确认得到图 9.18 所示的实体。其中，路径曲线不能和拉伸轮廓共面，拉伸轮廓处处与路径曲线垂直。

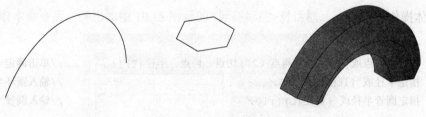

图 9.18　沿路径曲线拉伸

（2）旋转命令

1）功能。

旋转命令用于通过绕轴旋转二维对象来创建实体。

2）命令的调用。

调用旋转命令的方法有以下 3 种：①在命令窗口中输入"REVOLVE"（缩写 REV）；②选择菜单栏中的"绘图"→"建模"→"旋转"命令；③单击"建模"面板中的 ▣ 按钮。

3）应用。

1）绘制图 9.19 所示的二维封闭图形和直线 AB、直线 CD。

2）单击"实体"面板中的"旋转"按钮 ▣，选择闭合多段线，按 Enter 键，捕捉直线 AB 的两端点作为旋转轴，输入旋转角度 360°，得到旋转后的图形如图 9.20 所示。

3）以直线 CD 作为旋转轴旋转图形，得到图 9.21 所示的效果。

4）以直线 AB 作为旋转轴旋转图形，输入旋转角度 90°，得到图 9.22 所示的效果。

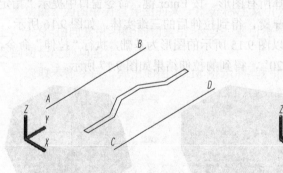

图 9.19　绘制的二维图形

图 9.20　以直线 AB 为旋转轴

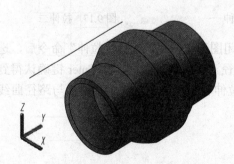

图 9.21　以直线 CD 为旋转轴

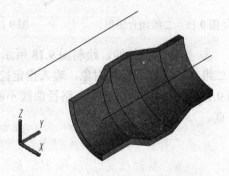

图 9.22　以直线 AB 为旋转轴旋转 90°

任务 9.3　三维图形的编辑

将最基本的三维几何体加以编辑和组合，便可以创建出复杂的三维图形。在二维绘图中介绍过的图形编辑命令，大多数也适用于三维图形，且操作步骤基本相同，只是操作方式不同而已，如圆角、倒角、镜像、阵列、复制命令等。另外，三维图形还有其特有的编辑方法，可以通过求并集、差集、交集来创建实体；可以将一个实体剖切成几部分；可以拉伸、移动、偏移、删除、旋转、复制，以及着色三维实体的面，复制着色三维实体的边等。灵活运用各种三维实体编辑命令可以制作各种三维实体模型。

1.　三维实体编辑

（1）并集命令

1）功能。

并集命令用于对所选择的三维实体进行求并运算，可将两个或两个以上的实体进行合并，从而形成一个整体。

2）命令的调用。

调用并集命令的方法有以下 3 种：①在命令窗口中输入"UNION"（缩写 UNI）；②选择菜单栏中的"修改"→"实体编辑"→"并集"命令；③单击"实体编辑"面板中的▉按钮。

3）应用。

利用三维实体工具栏创建一个大圆柱体和一个小圆柱体，如图 9.23 所示。执行"并集"命令后，选择大圆柱体、小圆柱体，按 Enter 键，得到图 9.24 所示的合并后的三维实体。

图 9.23　大圆柱体和小圆柱体　　　　　　图 9.24　合并后的三维实体

（2）差集命令

1）功能。

差集命令用于对三维实体或面域进行求差运算，实际上就是从一个实体中减去另一个实体，最终得到一个新的实体。

2）命令的调用。

调用差集命令的方法有以下 3 种：①在命令窗口中输入 "SUBTRACT"（缩写 SU）；②选择菜单栏中的 "修改" → "实体编辑" → "差集" 命令；③单击 "实体编辑" 面板中的■按钮。

3）应用。

利用三维实体工具栏创建一个大圆柱体和一个小圆柱体，如图 9.23 所示。执行 "差集" 命令后，选择大圆柱体（要从中减去的实体、曲面和面域），按 Enter 键，选择小圆柱体（要减去的实体、曲面和面域），按 Enter 键，得到图 9.25 所示的求差后的三维实体。

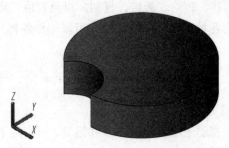

图 9.25　求差后的三维实体

（3）交集命令

1）功能。

交集命令用于对两个或两个以上的实体进行求交运算，执行 "交集" 命令后会得到这些实体的公共部分，而每个实体的非公共部分将会被删除。

2）命令的调用。

调用交集命令的方法有以下 3 种：①在命令窗口中输入 "INTERSECT"（缩写 IN）；②选择菜单栏中的 "修改" → "实体编辑" → "交集" 命令；③单击 "实体编辑" 面板中的■按钮。

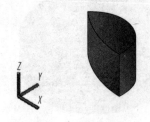

图 9-26　求交后的三维实体

3）应用。

利用三维实体工具栏创建一个大圆柱体和一个小圆柱体，如图 9.23 所示。执行 "交集" 命令后，选择大圆柱体、小圆柱体，按 Enter 键，得到图 9.26 所示的求交后的三维实体。

（4）圆角边命令

1）功能。

圆角边命令用于对实体对象的边制作圆角。

2）命令的调用。

调用圆角边命令的方法有以下 3 种：①在命令窗口中输入 "FILLETEDGE"；②选择菜单栏中的 "修改" → "实体编辑" → "圆角边" 命令；③单击 "实体编辑" 面板中的■按钮。

3）应用。

创建图 9.27 所示的圆柱体，执行"圆角边"命令后，选择圆柱上底面圆周，输入半径 R 为 1，按 Enter 键，得到图 9.28 所示的圆角边后的圆柱体。

图 9.27　以 *CD* 为旋转轴

图 9.28　圆角边后的圆柱体

（5）倒角边命令

1）功能。

倒角边命令用于对实体对象的边制作倒角。

2）命令的调用。

调用倒角边命令的方法有以下 3 种：①在命令窗口中输入"CHAMFEREDGE"；②选择菜单栏中的"修改"→"实体编辑"→"倒角边"命令；③单击"实体编辑"面板中的 按钮。

3）应用。

创建图 9.27 所示的圆柱体，执行"倒角边"命令后，选择圆柱上底面圆周，分别输入指定基面倒角边距离和指定其他曲面倒角边距离 D 为 1，按 Enter 键，得到图 9.29 所示的倒角边后的圆柱体。

图 9.29　倒角边后的圆柱体

2．实例

根据图 9.30 所示的二维图形绘制带轮三维实体。

分析：首先通过二维轮廓图形旋转得到带轮，然后通过差集处理得到 4 个圆孔，最后运用倒角边和圆角边得到带轮三维实体。

具体操作如下：

1）新建文件。选择"文件"→"新建"命令，创建一个新图形，进入"三维建模"

工作空间。

2）绘制二维图形。绘制图 9.31 所示的二维轮廓图形。

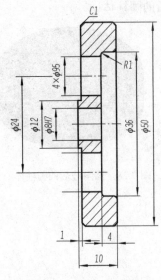

图 9.30　带轮二维图形

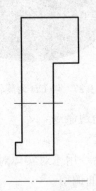

图 9.31　二维草图

3）编辑多段线。单击"修改"面板中的⌒按钮，将所做的草图合并为一个闭合的图形。

4）旋转创建实体。单击"建模"面板中的"旋转"🔘按钮，选择二维图形，按 Enter 键，捕捉虚线的两端点作为旋转轴，输入旋转角度 360°，得到旋转后的图形如图 9.32 所示。

5）创建三维实心圆柱体。单击"建模"面板中的🔲按钮或在命令窗口中输入"CYLINDER"，选择圆心，创建 4 个 ϕ9.5 圆柱，拉伸高度为 5，结果如图 9.33 所示。

图 9.32　带轮三维实体

图 9.33　三维实心小圆柱体

6）差集处理。单击⬤按钮或在命令窗口中输入"SUBTRACT"，选中带轮为保存对象，选中 4 个圆柱实体为消去对象，按 Enter 键，得到圆角边的三维实体，如图 9.34 所示。

7）倒角边和圆角边。单击"实体编辑"面板中的"倒角边"按钮，然后选择带轮两端面圆周，按 Enter 键确认，输入直径，指定基面倒角边距离为 1，指定其他曲面倒角边距离为 1，按 Enter 键得到圆角边的三维实体；单击"实体编辑"面板中的"圆角边"按钮，然后选择带轮孔内侧圆周，按 Enter 键，然后输入半径 1，按 Enter 键得到圆角边的三维实体，如图 9.35 所示。

图 9.34　差集处理实体

图 9.35　倒、圆角边后的带轮造型

项目 10　图样说明及打印输出

项目任务

任务 1：图样说明
图 10.1 所示为建筑电气图样说明的一部分。

住宅电气设计说明

一. 设计依据

1. 工程概况：本工程为衡源世嘉小区 6 号住宅楼
2. 本工程各有关专业提供的设计资料。
3. 本工程采用的主要标准及规范。
　　(1)《民用建筑电气设计规范》JGJ/T 16-92
　　(2)《住宅设计规范》GB 50096-1999
　　(3)《低压配电设计规范》GB 50054-95
　　(4)《建筑物防雷设计规范》GB 50057-94(2000年版)

2. 部分引下线距地 0.5m 处做测试点。每根引下线在室外地坪下 -1m 处用40x4镀锌扁钢引出防水层。
3. 本工程采用接地TN-C-S系统，并进行总等电位联结，所有进出建筑物的金属管道均与总等电位端子箱连接。做法参见辽 2002D502-7。
卫生间做局部等电位端子箱连接。做法参见辽 2002D502-11。
4. 电源进户处零线做重复接地，接地为共用接地装置。接地电阻不大于 1 欧姆，实测达不到要求，补打接地极。

图 10.1　建筑电气图样说明的一部分

任务 2：图样打印
将以前绘制的图样的局部或全部，按照打印纸的大小打印出来。

10.1　相关知识：图样说明及打印工具

10.1.1　文字工具

1. 文字样式

菜单：<文字>→<文字样式>

功能：为天正自定义文字样式的组成，设定中西文字体各自的参数。

选取本命令后，弹出如图 10.2 所示的<文字样式>对话框。下面对此对话框中各项的功能进行说明：

<新建>：新建文字样式或选择下拉列表中已有的文字样式，允许对已有文字样式重命名。

<删除>：新建仅对图中没有使用的样式起作用，已经使用的样式不能被删除。

图 10.2   <文字样式>对话框

新建样式时可以在下列字体类型中任选其一：<AutoCAD 字体>与<Windows 字体>。用于确定当前文字样式是基于 AutoCAD 矢量字体，还是基于 Windows 系统的 TrueType 字体。如果选中<AutoCAD 字体>单选按钮，那么由下面的中文参数与西文参数各项内容决定这个文字样式的组成。如果选中<Windows 字体>单选按钮，那只有中文参数的各项内容，TrueType 字体本身已经可以解决中西文间的正确比例关系，而且天正软件对 AutoCAD 中两类字体大小不等的问题做出了改进，可以自动修正 TrueType 类型的字高错误。与 AutoCAD 字体相比，这类字体打印效果美观，缺点是会导致系统运行速度降低。

<中文参数>：用于修改中文的文字参数，包括<宽高比>和<中文字体>。其中<宽高比>文本框中的数字表示中文字宽与中文字高的比，<中文字体>用于设置样式所使用的中文字体。

<西文参数>：用于修改西文的文字参数，包括<字宽方向>、<字高方向>和<西文字体>多项。其中<字宽方向>文本框中的数字表示西文字宽与中文字宽的比，<字高方向>文本框中的数字表示西文字高与中文字高的比，<西文字体>设置组成文字样式的西文字体。

以下说明此对话框的使用方法：

1）选择单击<新建>按钮或在下拉列表中修改已定义的文字样式。

2）选择 AutoCAD 字体或者 Windows 字体。

3）字体选择。<西文参数>和<中文参数>选项组中分别设有字体一项。单击文本框右侧的下拉按钮可在弹出的下拉列表中选择所需字体。

4）字体尺寸比例设置。AutoCAD 中文字体有宽高比的变化，在<中文参数>选项组中，单击<宽高比>文本框，输入宽高比即可。数字越小，字体越细长。西文字大小是相对中文而定的，用户可以在<西文参数>选项组中分别输入字宽方向和字高方向与中文字体的比值，数字越小，英文字就越小。

如果使用系统的 Windows 的 TrueType 字体，定义时所不同的是，这种字体中西文的比例是合适的，因此不必使用修正功能。在修改字体参数后，单击<预览>按钮，预览区中会显示出变化后的中西文字体的比例关系，供用户观察比较。

5）选定所有参数后，单击<确定>按钮，对话框消失。以后有关文字标注和表格处理等与文字相关的命令执行时，将按照此次设定的字体参数书写文字。

如字高为 0，表示不设置文字样式的默认字高，字高由文字表格命令设置。

如果改变文字参数后又切换到别的文字样式，系统会提示是否保存该样式。

2. 单行文字

菜单：<文字>→<单行文字> 字
功能：使用已经建立的天正文字样式，输入单行文字，可以方便为文字设置上下标、加圆圈、添加特殊符号，导入专业词库内容。

选取本命令后，弹出如图 10.3 所示的<单行文字>对话框，其控件的功能说明如表 10.1。

图 10.3　<单行文字>对话框

表 10.1　<单行文字>对话框控件的功能说明

控　件	功　能
文字输入列表	可供输入文字符号；在列表中保存有已输入的文字，方便重复输入同类内容，在下拉列表中选择其中一行文字后，该行文字被复制到首行
文字样式	在下拉列表中选用已由 AutoCAD 或天正文字样式命令定义的文字样式
对齐方式	选择文字与基点的对齐方式
转　角	输入文字的转角
字　高	表示最终图样打印的字高，而非在屏幕上测出的字高数值，两者有一个绘图比例值的倍数关系
背景屏蔽	勾选该复选框后，文字可以遮盖背景，如填充图案，本选项利用 AutoCAD 的 WipeOut 图像屏蔽特性，屏蔽作用随文字移动存在
连续标注	勾选该复选框后，单行文字可以连续标注
上下标	鼠标选定需变为上下标的部分文字，然后单击上下标图标
加圆圈	鼠标选定需加圆圈的部分文字，然后单击加圆圈的图标
钢筋符号	在需要输入钢筋符号的位置，单击相应的钢筋符号
其他特殊符号	单击进入特殊字符集，在弹出的对话框中选择需要插入的符号

单行文字的在位编辑：双击图上的单行文字即可进入在位编辑状态，直接在图上显示编辑框，方向总是按从左到右的水平方向方便修改，如图 10.4 所示。

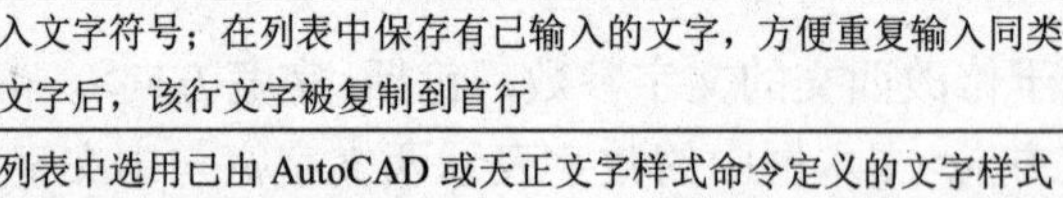

双击进入
在位编辑

上标: 100M² 轴号①～⑤ 二级钢⊕

上标: 100M^U2^U 轴号^C1^C～^C5^C 二级钢^2

图 10.4　单行字编辑框

在需要使用特殊符号、专业词汇等时，移动光标到编辑框外右击，即可弹出单行文字的快捷菜单进行编辑，使用方法与对话框中的工具栏图标完全一致，如图 10.5 所示。

3. 多行文字

菜单：<文字>→<多行文字> 字

功能：使用已经建立的天正文字样式，按段落输入多行中文文字，可以方便设定页宽与硬回车位置，并随时拖动夹点改变页宽。

选取本命令后，弹出如图 10.6 所示的<多行文字>对话框，其控件的功能说明如表 10.2 所示。

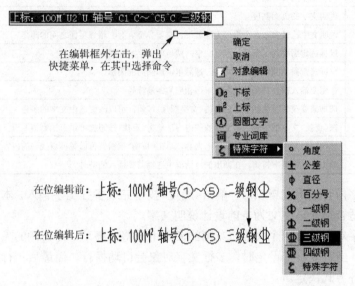

图 10.5　单行字编辑调出的快捷菜单

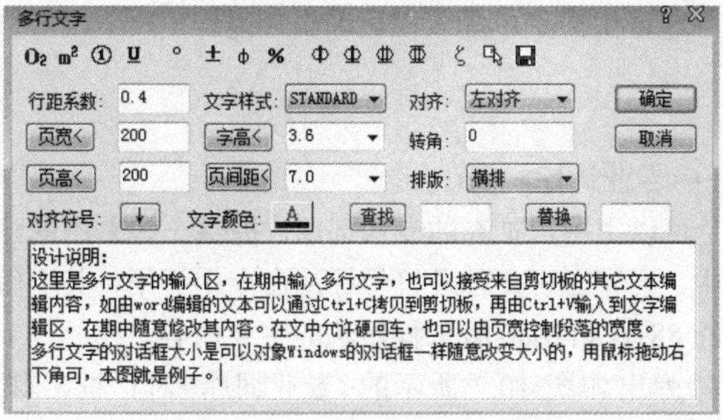

图 10.6　<多行文字>对话框

表 10.2　<多行文字>对话框控件的功能说明

控　件	功　能
文字输入列表	可供输入文字符号；在列表中保存有已输入的文字，方便重复输入同类内容，在下拉选择其中一行文字后，该行文字复制到首行
文字样式	在下拉列表中选用已由 AutoCAD 或天正文字样式命令定义的文字样式
对齐	选择文字与基点的对齐方式
转角	输入文字的转角
字高	表示最终图样打印的字高，而非在屏幕上测量出的字高数值，两者有一个绘图比例值的倍数关系
行距系数	汉字的行与行之间的距离
页宽	说明文字的页面宽度
页高	说明文字的页面高度
页间距	说明文字比较多，一个页面无法放下，需要多个页面，相邻页面之间的距离
上下标	鼠标选定需变为上下标的部分文字，然后单击上下标图标
加圆圈	鼠标选定需加圆圈的部分文字，然后单击加圆圈的图标。
钢筋符号	在需要输入钢筋符号的位置，单击相应的钢筋符号
文字颜色	选择需要改变颜色的字体后单击<文字颜色>按钮，可以改变选中文字的颜色
查找	在<查找>文本框中输入需要查找的内容，单击<查找>按钮就可以查找到需要查找的内容
替换	在<替换>文本框中输入替换后的内容，单击<替换>按钮就可以替换查找到的内容
其他特殊符号	单击进入特殊字符集，在弹出的对话框中选择需要插入的符号

输入文字内容编辑完毕以后，单击<确定>按钮完成多行文字输入，本命令的自动换行功能特别适合输入以中文为主的设计说明文字。

多行文字对象设有两个夹点，左侧的夹点用于整体移动，而右侧的夹点用于拖动改变段落宽度，当宽度小于设定时，多行文字对象会自动换行，而最后一行的结束位置由该对象的对齐方式决定。

多行文字的编辑考虑到排版的因素，默认双击进入<多行文字>对话框，而不推荐使用在位编辑，但是可通过快捷菜单进入在位编辑功能。

4. 专业词库

菜单：<文字>→<专业词库> 字

功能：组织一个可以由用户扩充的专业词库，提供一些常用的建筑及相关专业的专业词汇随时插入图中，词库还可在各种符号标注命令中调用，其中做法标注命令可调用其中北方地区常用的 88J1-X12000 版工程做法的主要内容。

选取本命令后，弹出如图 10.7 所示的<专业词库>对话框，其控件的功能说明如表 10.3 所示。

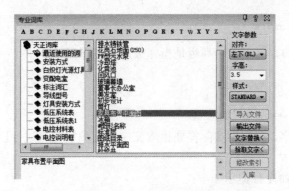

图 10.7　<专业词库>对话框

表 10.3　<专业词库>对话框控件的功能说明

控　件	功　能
词汇分类	在词库中按不同专业提供分类机制，也称为分类或目录，一个目录下列表存放很多词汇
词汇列表	按分类组织起词汇列表，对应一个词汇分类的列表存放多个词汇
入库	把编辑框内的文字添加到当前类别的最后一个词汇
导入文件	把文本文件中按行作为词汇，导入当前类别(目录)中，有效扩大了词汇量
输出文件	把当前类别中所有的词汇输出到一个文本文件中去
文字替换	命令行提示： 　　　　请选择要替换的文字图元<文字插入>： 选择好目标文字，然后单击此按钮，进入并选取打算替换的文字对象即可
拾取文字	把图上的文字拾取到编辑框中进行修改或替换
分类菜单	右击类别项目，会出现"展开"、"添加子目录"、"删除目录"和"重命名"多项，用于增加分类
词汇菜单	右击词汇项目，会出现"新建行"、"插入行"、"删除行"和"重命名"多项，用于增加词汇量
字母按钮	以汉语拼音的韵母排序检索，用于快速检索到词汇表中与之对应的第一个词汇

选定词汇后，命令行连续提示：

　　请指定文字的插入点<退出>：

编辑好的文字可一次或多次插入到适当位置，按 Enter 键结束。

本词汇表提供了多组常用的施工作法词汇，与<作法标注>命令结合使用，可快速标注"墙面"、"楼面"、"屋面"的国标做法。

5. 统一字高

菜单：<文字>→<统一字高>

功能：ACAD 文字、天正文字的文字字高按给定尺寸进行统一。

选取本命令后，命令行提示如下：

　　请选择要修改的文字（ACAD 文字，天正文字）<退出>：

选择要统一高度的文字。

字高()<3.5mm>:4

输入新的统一字高 4，这里的字高也是指完成后的图样尺寸。

6. 递增文字

菜单：<文字>→<递增文字>

功能：复制文字，并根据实际需要拾取文字的相应字符来进行以该字符为参照的递增或递减。

选取本命令，命令行提示如下：

> 请选择要递增拷贝的文字图元(同时按 CTRL 键进行递减拷贝) <退出>:
> 请指定文字的插入点<退出>:

复制后的文字保留源文字的内容、字高、文字样式、对齐方式、角度等参数。

提示

1. 注意拾取的字符不同，递增的方式不同，详细递增情况如图 10.8 所示。
2. 同时按 Ctrl 键进行递减复制。

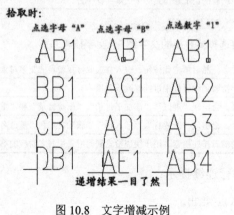

图 10.8 文字增减示例

7. 转角自纠

菜单：<文字>→<转角自纠>

功能：翻转调整图中单行文字的方向，符合制图标准对文字方向的规定，T-Elec7 可以一次选取多个文字一起纠正。

选取本命令后，命令行提示如下：

> 请选择天正文字<退出>:

选取要翻转的文字后按 Enter 键，其文字即按国家标准规定的方向做了相应的调整，如图 10.9 所示。

图 10.9　文字翻转示例

8. 查找替换

菜单：<文字>→<查找替换> ⓐ☜

功能：查找替换当前图形中所有的文字，包括 AutoCAD 文字、天正文字和包含在其他对象中的文字。

选取本命令后，弹出如图 10.10 所示的<查找和替换>对话框。

图 10.10　<查找和替换>对话框

对图中或选定的范围的所有文字类信息进行查找，按要求进行逐一替换或者全体替换，在搜索过程中在图上找到该文字处，显示红框，单击下一个时，红框转到下一个找到文字的位置。

9. 文字转化

菜单：<文字>→<文字转化> Ⓐ

功能：将天正旧版本生成的 ACAD 格式单行文字转化为天正文字，保持原来每一个文字对象的独立性，不对其进行合并处理。

选取本命令后，命令行提示如下：

请选择 ACAD 单行文字：

可以一次选择图上的多个文字串，按 Enter 键结束报告如下：

全部选中的 N 个 ACAD 文字成功地转化为天正文字！

本命令对 ACAD 生成的单行文字起作用，但对多行文字不起作用。

10. 文字合并

菜单：<文字>→<文字合并> Ⓐ2

　　功能：将天正旧版本生成的 ACAD 格式单行文字转化为天正多行文字或者单行文字，同时对其中多行排列的多个 text 文字对象进行合并处理，由用户决定生成一个天正多行文字对象或者一个单行文字对象。

　　选取本命令后，命令行提示如下：

　　　　请选择要合并的文字段落：

一次选择图上的多个文字串，按 Enter 键结束。命令行接着提示。

　　　　{合并为单行文字[D]}<合并为多行文字>：

按 Enter 键表示默认合并为一个多行文字，输入"D"表示合并为单行文字。命令行接着提示。

　　　　移动到目标位置<替换原文字>：

拖动合并后的文字段落，到目标位置取点定位。

　　如果要合并的文字是比较长的段落，推荐合并为多行文字，否则合并后的单行文字会非常长，在处理设计说明等比较复杂的说明文字时，尽量把合并后的文字移动到空白处，然后使用对象编辑功能，检查文字和数字是否正确，还要把合并后遗留的多余硬回车换行符删除，然后再删除原来的段落，移动多行文字取代原来的文字段落。

11. 繁简转换

　　菜单：<文字>→<繁简转换>　**B5**

　　功能：中国大陆与港台地区习惯使用不同的汉字内码，给双方的图样交流带来困难，<繁简转换>命令能将当前图档的内码在 Big5 与 GB 之间转换，为保证本命令的执行成功，应确保当前环境下的字体支持路径内，即 AutoCAD 的 fonts 或天正软件安装文件夹 sys 下存在内码 BIG5 的字体文件，这样才能获得正常显示与打印效果。转换后重新设置文字样式中字体内码与目标内码一致。

图 10.11　<繁简转换>对话框

　　选取本命令后，弹出如图 10.11 所示的<繁简转换>对话框。

　　按当前的任务要求，在其中选择转换方式。例如，要处理繁体图样，就选中<繁转简>单选按钮，再选中<选择对象>单选按钮，单击<确认>按钮后命令行提示如下：

　　　　选择包含文字的图元：

　　选取要转换的繁体文字，命令行接着提示：

　　　　选择包含文字的图元：

按 Enter 键结束选择。

　　经转换后图上的文字还是一种乱码状态，原因是这时内码转换了，但是使用的文字样式中的字体还是原来的繁体字体，如 CHINASET.shx，可以通过 Ctrl+1 的特性栏把其中的字体更改为简体字体，如 GBCBIG.shx；图 10.12 所示是一个内码相同而字体不同的实例：

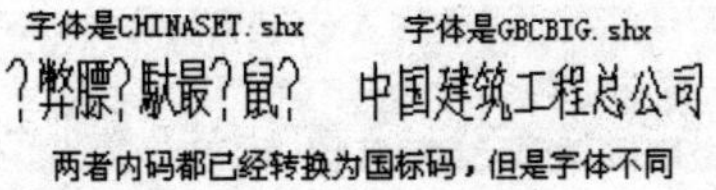

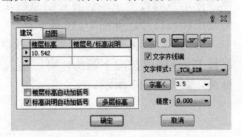

字体是CHINASET.shx   字体是GBCBIG.shx

两者内码都已经转换为国标码，但是字体不同

图 10.12　繁简转换示例

10.1.2　符号工具

1．单注标高

菜单：<符号>→<单注标高>

功能：一次只标注一个标高，通常用于平面标高标注。

选取本命令后，弹出如图 10.13 所示的<标高标注>对话框，同时命令行提示如下：

图 10.13　<标高标注>对话框 1

请点取标高点或［参考标高(R)］<退出>：
请点取标高方向或［基线(B)/引线(L)］<当前>：

插入标高过程中可在对话框中修改各项标注内容。双击标注可进入编辑标高状态，对话框及修改结果，如图 10.14 所示。

图 10.14　<标高标注>对话框及修改结果

2．连注标高

菜单：<符号>→<连注标高>

功能：用于平面图的楼面标高与地坪标高标注，可标注绝对标高和相对标高，也可用于立剖面图标注楼面标高，标高三角符号为空心或实心填充，通过按钮可选，两种类型的按钮的功能是互锁的，其他按钮控制标高的标注样式。

选取本命令后，弹出如图 10.15 所示的<标高标注>对话框。

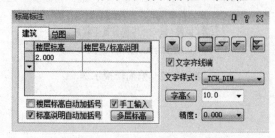

图 10.15　<标高标注>对话框 2

单击<带基线>或者<带引线>按钮，可以改变按基线方式或者引线方式注写标高符号。如果是基线方式，命令提示点取基线端点，然后返回上一提示。如果是引线方式，命令提示点取符号引线位置，给点后在引出垂线与水平线交点处绘出标高符号，如图 10.16 所示。

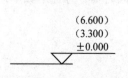

图 10.16　输入多个标高

勾选<手工输入>复选框后，不必添加括号，在第一个标高后按 Enter 键或按向下箭头，可以输入多个标高表示楼层地坪标高，如图 10.17 所示。

3. 索引符号

菜单：<符号>→<索引符号>

功能：为图中另有详图的某一部分标注索引号，指出表示这些部分的详图在哪张图上，分为<指向索引>和<剖切索引>两类，索引符号的对象编辑新提供了增加索引号与改变剖切长度的功能。

选取本命令后，弹出如图 10.18 所示的<索引符号>对话框。

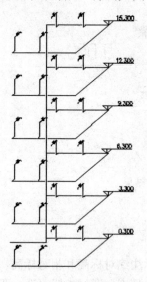

图 10.17　连注标高效果图

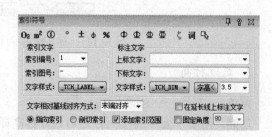

图 10.18　<索引符号>对话框

　　其中控件功能与<引出标注>命令类似，区别在本命令分为<指向索引>和<剖切索引>两类，标注时按要求选择标注。

　　选择<指向索引>时的命令行交互：

　　　　请给出索引节点的位置<退出>：

选取需索引的部分，命令行接着提示：

　　　　请给出索引节点的范围<0.0>：

拖动圆上一点，单击定义范围或按 Enter 键不画出范围，命令行接着提示：

　　　　请给出转折点位置<退出>：

拖动选取索引引出线的转折点，命令行接着提示：

　　　　请给出文字索引号位置<退出>：

选取插入索引号圆圈的圆心。

　　选择<剖切索引>时的命令行交互：

　　　　请给出索引节点的位置<退出>：

选取需索引的部分，命令行接着提示：

　　　　请给出转折点位置<退出>：

按 F8 键打开正交，拖动选取索引引出线的转折点，命令行接着提示：

　　　　请给出文字索引号位置<退出>：

选取插入索引号圆圈的圆心，命令行接着提示：

　　　　请给出剖视方向<当前>：

拖动给点定义剖视方向。

　　双击索引标注对象可进入编辑对话框，双击索引标注文字部分，进入文字在位编辑。

　　夹点编辑增加了<改变索引个数>功能，拖动边夹点即可增删索引号，向外拖动增加索引号，超过两个索引号时向左拖动至重合删除索引号，双击文字修改新增索引号的内容，超过两个索引号的符号在导出 T-Elec3～6 版本格式时分解索引符号对象为 AutoCAD 基本对象。

　　索引符号与编辑实例：<指向索引>和<剖切索引>与编辑实例如图 10.19 所示。

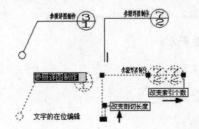

图 10.19 <指向索引>和<剖切索引>与编辑实例

4. 索引图名

菜单：<符号>→<索引图名> ⬇

功能：为图中被索引的详图标注索引图名，如需要标注比例要自己补充。

选取本命令后，命令行提示如下：

> 请输入被索引的图号 (–表示在本图内) <–>：

按 Enter 键或输入被索引图张号，命令行接着提示：

> 请输入索引编号<1>：

输入索引图号。

索引图名对象只有一个夹点，拖动该夹点可移动索引图名，结果如图 10.20 所示。

图 10.20   索引图名

5. 剖面剖切

菜单：<符号>→<剖面剖切> 🔳

功能：在图中标注国家标准规定的断面剖切符号，它用于定义一个编号的剖面图，表示剖切断面上的构件，以及从该处沿视线方向可见的建筑部件，生成剖面中要依赖此符号定义剖面方向。

选取本命令后，命令行提示如下：

> 请输入剖切编号<1>：

键入编号后按 Enter 键，命令行接着提示：

> 点取第一个剖切点<退出>：

给出第一点 P1，命令行接着提示：

> 点取第二个剖切点<退出>：

沿剖线给出第二点 P2，命令行接着提示：

> 点取下一个剖切点<结束>：

给出转折点 P3，命令行接着提示：

> 点取下一个剖切点<结束>：

给出结束点 P4，命令行接着提示：

> 点取下一个剖切点<结束>：

按 Enter 键表示结束，命令行接着提示：

点取剖视方向<当前>:

给点表示剖视方向 P5。

标注完成后,拖动不同夹点即可改变剖面符号的位置及剖切方向。

剖面剖切的实例:图 10.21 所示是上面的<剖面剖切>命令交互的结果。

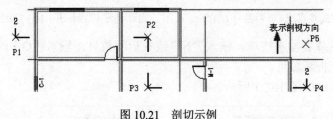

图 10.21　剖切示例

6. 断面剖切

菜单:<符号>→<断面剖切>

功能:在图中标注国家标准规定的剖面剖切符号,指不画剖视方向线的断面剖切符号,以指向断面编号的方向表示剖视方向,在生成剖面中要依赖此符号定义剖面方向。

选取本命令后,命令行提示如下:

请输入剖切编号<1>:

输入编号后按 Enter 键,命令行接着提示:

点取第一个剖切点<退出>:

给出起点 P1,命令行接着提示:

点取第二个剖切点<退出>:

沿剖线给出终点 P2,命令行接着提示:

点取剖视方向<当前>:

此时在两点间可预览该符号,用户可以移动鼠标改变当前默认的方向,点取确认或按 Enter 键采用当前方向,完成断面剖切符号的标注。

标注完成后,拖动不同夹点即可改变剖面符号的位置及剖切方向。

断面剖切的实例:图 10.22 所示是上面的<断面剖切>命令交互的结果。

图 10.22　断面剖切示例

7. 加折断线

菜单:<符号>→<加折断线>

功能:以自定义对象在图中加入折断线,形式符合制图规范的要求,并可以依照当前比例，选择对象更新其大小。

选取本命令后，命令行提示如下：

点取折断线起点<退出>：

点取折断线起点，命令行接着提示：

点取折断线终点或{折断数目(当前=1) [N]/自动外延(当前=开) [O]}<退出>：

选取折断线终点或者输入选项，输入"N"改变折断数目，输入"O"改变自动外延，双击折断线改变折断数目。

加折断线示例如图 10.23 所示。

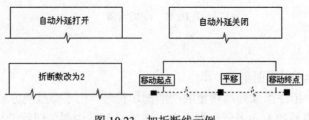

图 10.23　加折断线示例

8. 箭头引注

菜单：<符号>→<箭头引注> ↰

功能：绘制带有箭头的引出标注，文字可从线端标注，也可从线上标注，引线可以转折多次，用于楼梯方向线，新添半箭头用于国家标准的坡度符号。

选取本命令后，弹出如图 10.24 所示的<箭头引注>对话框。

图 10.24　<箭头引注>对话框

在对话框中输入引线端部要标注的文字，可以从下拉列表选取命令保存的文字历史记录，也可以不输入文字只画箭头，对话框中还提供了更改箭头长度、样式的功能，箭头长度以最终图样尺寸为准，以毫米为单位给出；新提供箭头的可选样式有箭头和半箭头两种。

对话框中输入要注写的文字，设置好参数，按命令行提示取点标注：

箭头起点或[点取图中曲线(P)/点取参考点(R)]<退出>：

选取箭头起始点，命令行接着提示：

直段下一点[弧段(A)/回退(U)]<结束>：

画出引线（直线或弧线），命令行接着提示：

......

　　　　　直段下一点[弧段(A)/回退(U)]<结束>:

按 Enter 键结束。

　　双击箭头引注中的文字，即可进入在位编辑框修改文字，如图 10.25 所示。

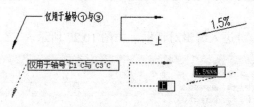

图 10.25　箭头引注与在位编辑示例

9. 引出标注

菜单：<符号>→<引出标注>

功能：可用于对多个标注点进行说明性的文字标注，自动按端点对齐文字，具有拖动自动跟随的特性。

　　选取本命令后，弹出如图 10.26 所示的<引出标注>对话框。

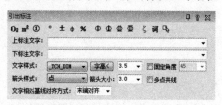

图 10.26　<引出标注>对话框 1

　　<引出标注>对话框的控件功能说明如下：

　　<上标注文字>把文字内容标注在引出线上。

　　<下标注文字>把文字内容标注在引出线下。

　　<箭头样式>下拉列表中包括<箭头>、<点>、<十字>和<无>四项，用户可任选一项指定箭头的形式。

　　<字高<>以最终出图的尺寸（毫米），设定字的高度，也可以从图上量取（系统自动换算）。

　　<文字样式>设定用于引出标注的文字样式。

　　在对话框中编辑好标注内容及其形式后，按命令行提示取点标注：

　　　　　请给出标注第一点<退出>:

点取标注引线上的第一点，命令行接着提示：

　　　　　输入引线位置或[更改箭头型式(A)]<退出>:
　　　　　点取文字基线上的第一点

　　　　点取文字基线位置<退出>：
　　　　取文字基线上的结束点
　　　　输入其他的标注点<结束>：
　　　　点取第二条标注引线上端点
　　　　······
　　　　输入其他的标注点<结束>：

按 Enter 键结束。

　　双击引出标注对象可进入编辑对话框，如图 10.27 所示。

图 10.27　<引出标注>对话框 2

　　在图中双击需要修改的汉字内容，可以出现如汉字"轻墙面积不计入"状态，可以编辑文字，如图 10.28 所示。

图 10.28　引出标注与在位编辑实例

10. 作法标注[①]

　　菜单：<符号>→<作法标注>　

　　功能：用于在施工图样上标注工程的材料做法，通过专业词库预设有北方地区常用的 88J1-X1（2000 版)的墙面、地面、楼面、顶棚和屋面标准做法。

　　选取本命令后，弹出如图 10.29 所示的<做法标注>对话框。

图 10.29　<做法标注>对话框

　　<做法标注>对话框的控件功能说明如下：

_____

① 天正软件本身存在文字错误：菜单命令为"作法标注"（应为"做法标注"），对话框中为"做法标注"。——编者

多行编辑框：供输入多行文字使用，按 Enter 键结束的一段文字写入一条基线上，可随宽度自动换行。

<文字在线端>：文字内容标注在文字基线线端为一行表示，多用于建筑图。

<文字在线上>：文字内容标注在文字基线上，按基线长度自动换行，多用于装修图。

其他控件的功能与<引出标注>命令相同。

光标进入多行编辑框后单击<词库>图标，可进入专业词库，从第一栏取得系统预设的做法标注。

做法标注与编辑示例如图 10.30 所示。

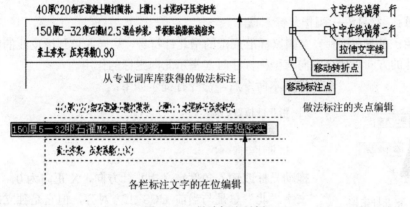

图 10.30 做法标注示例

在对话框中编辑好标注内容及其形式后，按命令行提示取点标注：

请给出标注第一点<退出>：

选取标注引线上的第一点，命令行接着提示：

请给出标注第二点<退出>：

选取标注引线上的转折点，命令行接着提示：

请给出文字线方向和长度<退出>：

拉伸文字基线的末端定点。

11. 画对称轴

菜单：<符号>→<画对称轴> ⸸

功能：用于在施工图样上标注表示对称轴的自定义对象。

选取本命令后，命令行提示如下：

起点或[参考点(R)]<退出>：

给出对称轴的端点 1，命令行接着提示：

终点<退出>：

给出对称轴的端点 2。

拖动对称轴上的夹点，可修改对称轴的长度、端线长、内间距等几何参数，如图 10.31 所示。

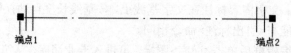

图 10.31　绘制对称轴示例

12.　画指北针

菜单：<符号>→<画指北针> ⊕

功能：在图上绘制一个国家标准规定的指北针符号，从插入点到橡皮线的终点定义为指北针的方向，这个方向在坐标标注时起指示北向坐标的作用。

选取本命令后，命令行提示如下：

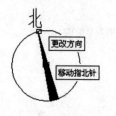

图 10.32　指北针示例

指北针位置<退出>：
点取指北针的插入点
指北针方向<90.0>：

拖动光标或输入角度定义指北针方向，X 正向为 0。

文字"北"总是与当前 UCS 上方对齐，但它是独立的文字对象，编辑时不会自动处理与符号的关系。结果如图 10.32 所示。

13.　图名标注

菜单：<符号>→<图名标注> ABC

功能：一个图形中绘有多个图形或详图时，需要在每个图形下方标出该图的图名，并且同时标注比例，本命令是新增的专业对象，比例变化时会自动调整其中文字的合理大小。

选取本命令后，弹出如图 10.33 所示的<图名标注>对话框。

图 10.33　<图名标注>对话框

在对话框中编辑好图名内容，选择合适的样式后，按命令行提示标注图名。

双击图名标注对象进入对话框修改样式设置，双击图名文字或比例文字进入在位编辑修改文字。

两种图名标注的实例及夹点编辑如图 10.34 所示。

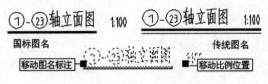

图 10.34   图名标注及夹点编辑示例

10.1.3   绘图工具

1. 对象查询

菜单：<绘图工具>→<对象查询> ●

功能：随光标移动，在各个对象上面动态显示其信息，并可进行编辑。

用此命令可以动态查看图形对象的有关数据，执行本命令，当光标靠近某一对象时，会出现文字窗口，显示该对象的有关数据，如果选取对象，则自动调用对象编辑功能，进行编辑修改，修改完毕继续对象查询状态。

对于天正定义的专业对象，将有反映该对象的详细的数据；对于 AutoCAD 的标准对象，只列出对象类型和通用的图层、颜色、线型等信息，选取标准对象也不能进行对象编辑。

例如，图形中存在表格，执行<对象查询>命令后在图形中移动鼠标指针，移到表格的时候便会出现如图 10.35 所示的详细信息显示。

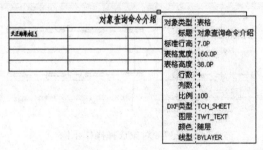

图 10.35   对象查询实例（表格）

图 10.36 为单行文字的对象查询的详细信息。

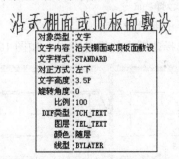

图 10.36   对象查询实例（文字）

2. 对象选择

菜单：<绘图工具>→<对象选择> ▷

功能：先选参考对象，选择其他符合参考对象过滤条件的图形，生成预选对象选择集。

本命令用于对相同性质的图元的批量操作。

选取本命令，命令行提示如下：

请选择一参考对象{关闭图层过滤[C]} <退出>：

选取需修改的图元，命令行接着提示：

选择图元(DXF=TCH_OPENING,图层=WINDOW)：

选取需要图元或窗选整个图形让程序自动过滤。

执行本命令首先选取参照对象，该选取的对象表明需要操作的图元的性质，然后再选择需要操作的图元，如图 10.37 所示。例如，如果要在图中删除所有的楼梯，首先需要在某一楼梯上点一下，然后用窗口框选整个图形，选择的结果是整个图形范围内的楼梯。在默认情况下，图层对象为开启状态，用户可以在选取参考对象时关闭或开启图层过滤。图层过滤为开启状态时，选择的即为参考对象所在图层上的图元；图层过滤为关闭状态时，选择的是所有层上的与参考对象同性质的图元。

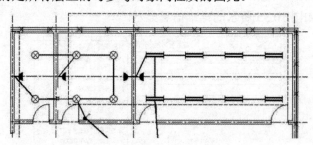

图 10.37　对象选择操作示例

下面举例说明对象选择操作：

例如，在如图 10.37 所示的图形上擦除虚线框中的电气设备，执行步骤如下：

1）选取<工具>→<对象选择>命令。

2）在图形上选取任意一个电气设备。

3）开窗口选择范围，选择范围内的设备虚显，如图 10.38 所示。

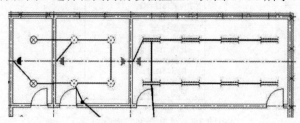

图 10.38　选择后结果

4）选择完毕后可以执行 AutoCAD 的擦除、复制、移动等命令。

　　在选择编辑对象时，要先选取参考对象作为样板，然后再用窗口等方式选择同类对象，最后进行编辑操作。

3．自由复制

菜单：<绘图工具>→<自由复制>

功能：对 ACAD 对象与天正对象均起作用，能在复制对象之前对其进行旋转、镜像、改插入点等灵活处理，而且默认为多重复制，十分方便。

选取本命令，命令行提示如下：

　　　　请选择要拷贝的对象：
　　　　点取位置或{转 90 度[A]/左右翻转[S]/上下翻转[D]/改转角[R]/改基点[T]}<退出>：

此时系统自动把参考基点设在所选对象的左下角，用户所选的全部对象将随鼠标的拖动复制至目标点位置。本命令以多重复制方式工作，可以把源对象向多个目标位置复制，还可利用提示中的其他选项重新定制复制，特点是每一次复制结束后基点返回左下角（选项的使用详见<图块插入>）。

4．自由移动

菜单：<绘图工具>→<自由移动>

功能：对 ACAD 对象与天正对象均起作用，能在移动对象就位前使用键盘先行对其进行旋转、镜像、改插入点等灵活处理。

选取本命令，命令行提示如下：

　　　　请选择要移动的对象：
　　　　点取位置或{转 90 度[A]/左右翻转[S]/上下翻转[D]/改转角[R]/改基点[T]}<退出>：

与<自由复制>类似，但不生成新的对象。

5．移位

菜单：<绘图工具>→<移位>

功能：按照指定方向精确移动图元的位置，可减少输入，提高效率。

选取本命令，命令行提示如下：

　　　　请选择要移动的对象：

选择要移动的对象，按 Enter 键结束，命令行接着提示：

　　　　请输入位移(x、y、z)或{横移[X]/纵移[Y]/竖移[Z]}<退出>：

如果用户仅仅需要改变对象的某个坐标方向的尺寸，无须直接输入位移矢量，此时可输入"X"或"Y"、"Z"选项，指出要移位的方向，如输入"Z"，进行竖向移动，提示如下：

　　　　竖移<0>:

在此输入移动长度或在屏幕中指定，注意正值表示上移，负值表示下移。

　　6. 自由粘贴

　　菜单：<绘图工具>→<自由粘贴>

　　功能：对 ACAD 对象与天正对象均起作用，能在粘贴对象之前对其进行旋转、镜像、改插入点等灵活处理。

　　选取本命令，命令行提示如下：

　　　　点取位置或{转 90 度[A]/左右翻[S]/上下翻[D]/对齐[F]/改转角[R]/改基点[T]}<退出>:

这时可以输入 A/S/D/F/R/T 多个选项进行各种粘贴前的处理，选取一点将图形对象贴入图形中的指定点。

> **提 示**
>
> 　本命令对 ACAD 以外的对象的 OLE 插入不起作用。AutoCAD 本身有<带基点复制>命令，粘贴这种复制到粘贴板上的图形由于可以捕捉插入点，所以采用普通的粘贴就可以定位得比较好。

　　基于粘贴板的复制和粘贴，主要是为了在多个文档或者在 AutoCAD 与其他应用程序之间交换数据而设立的。由于 ACAD2000 的多文档功能，在多张图之间复制和粘贴图形是经常性的操作，用户不应当把多个平面图放置到一个 DWG 文件中。

　　7. 图变单色

　　菜单：<绘图工具>→<图变单色>

　　功能：将平面图中各图层的颜色改为一种颜色。

　　本命令适用于在编制印刷文档前对图形进行前处理，由于彩色的线框图形在黑白输出的照排系统中输出时色调偏淡，因此特设图变单色功能临时将彩色 ACAD 图形设为单色的线框图形，为抓图做好准备。

　　选取本命令后，命令行提示如下：

　　　　请输入平面图要变成的颜色/1-红/2-黄/3-绿/4-青/5-蓝/6-粉/7-白/ <7>:

输入要使平面图所变成的颜色相应的数字，确定后平面图中所有已有图层改为所要求的同一种颜色。

8. 颜色恢复

菜单： <绘图工具>→<颜色恢复> ▨

功能： 将平面图中各图层的颜色改为一种颜色。

本命令是用来恢复由<图变单色>所变成的单色平面图中所有图层的初始颜色的，在菜单上选取本命令后，所有图层颜色恢复为图层文件 layedef.dat 所规定的颜色。

本命令没有人机交互，直接执行，命令将图层颜色恢复为系统默认的颜色，但不能保留用户自己定义的图层颜色。

9. 图案加洞

命令： <绘图工具>→<图案加洞> ▨

功能： 在已填充图案上分割出一块空白区域。

选取本命令后，命令行提示如下：

> 请选择图案填充<退出>：

选择填充图案，命令行接着提示：

> 矩形的第一个角点或{圆形裁剪[C]/多边形裁剪[P]/多段线定边界[L]/图块定边界[B]}<退出>：

可选用矩形、圆形、多边形、多线段、图块边界来确定所分割的空白区域形状，如图 10.39 所示。

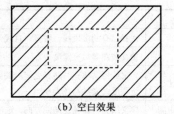

（a）矩形框框出空白区域　　　　　（b）空白效果

图 10.39　图案加洞示例

10. 图案减洞

菜单： <绘图工具>→<图案减洞> ▨

功能： 将填充图案上的空白区域填补上。

选取本命令后，命令行提示如下：

> 请选择图案填充<退出>：

选择填充图案，命令行接着提示：

> 选取边界区域内的点<退出>：

选取边界区域内的点。

图案减洞示例如图 10.40 所示。

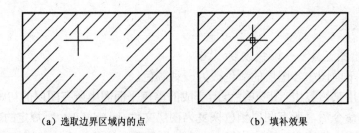

（a）选取边界区域内的点   （b）填补效果

图 10.40　图案减洞示例

11. 线图案

菜单：<绘图工具>→<线图案>

功能：绘制线图案。

选取本命令后，弹出如图 10.41 所示的<线图案>对话框，其控件的功能说明如表 10.42 所示。

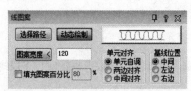

图 10.41　<线图案>对话框

表 10.4　<线图案>对话框控件的功能说明

控件名称	实现功能
选择路径	选择已有的多段线、圆弧、直线为路径
图案宽度	定义线图案填充宽度
填充图案百分比	定义线图案填充与路径之间的关系，如没有勾选就是图案紧贴路径，否则以百分比定义其靠近程度，紧贴路径为 99%
基线位置（左边/中间/右边）	定义填充与路径之间的方向，选中<左边>单选按钮时，图案在路径的下面；选中<右边>单选按钮时，图案在路径的上面；选中<中间>单选按钮时，图案在路径的中间（图 10.42）

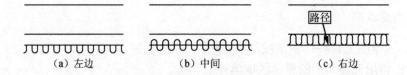

（a）左边   （b）中间   （c）右边

图 10.42　线图案的单元基点对齐关系

点插入点，可以进入预览功能，观察填充是否合理，按 Enter 键返回对话框，单击插入点后开始进行填充，如图 10.43 所示。

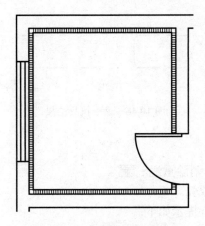

图 10.43   线图案的夹点示例

12. 多用删除

菜单：<绘图工具>→<多用删除>

功能：多功能删除命令，删除相同图层的相同类型的图元。

执行该命令选择图元时，选择图中任意一个图元删除时即可将选中范围内的所有相同类型的图元全部删除。

命令行提示如下：

请选择删除范围<退出>：

可以框选范围，如图 10.44 所示。命令行接着提示：

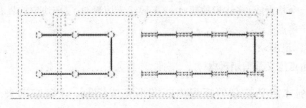

图 10.44   框选删除范围

请选择指定类型的图元<删除>：

指定要删除类型的参考图元。

选择参考图元后同类型图元同时被选中，如图 10.45 所示。命令执行结果如图 10.46 所示。

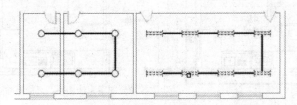

图 10.45   选择参考图元后同类型图元同时被选中

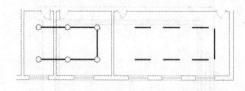

图 10.46 命令执行结果

13. 消除重线

菜单：<绘图工具>→<消除重线> ⬇

功能：消除重合的线或弧。

选取本命令后，命令行提示如下：

> 选择对象：

框选中重线，系统自动完成清除，命令行接着提示：

> 对图层 0 消除重线：

14. 图形切割

菜单：<绘图工具>→<图形切割> ✂

功能：以选定的矩形窗口、封闭曲线或图块边界在平面图内切割并提取部分图形，图形切割不破坏原有图形的完整性，常用于从平面图提取局部区域用于详图。

选取本命令后，命令行提示如下：

> 矩形的第一个角点或[多边形裁剪(P)/多段线定边界(L)/图块定边界(B)]<退出>：
> 图上点取一角点
> 另一个角点<退出>：
> 输入第二角点定义裁剪矩形框

此时程序已经把刚才定义的裁剪矩形内的图形完成切割，并提取出来，在光标位置拖动，同时提示：

> 请点取插入位置：

在图中给出该局部图形的插入位置，如图 10.47 所示。

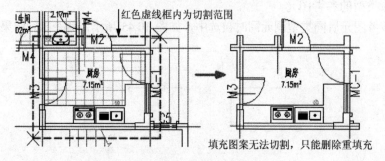

图 10.47 局部插入示例

提　示

本命令可以切割天正墙体等专业对象，但是无法在门窗等图块中间进行切割，或使用 Wipeout 命令进行遮挡。

15. 房间复制

菜单：<绘图工具>→<房间复制> 🔲
功能：将一个矩形房间平面设备、导线、标注等复制到另外一个矩形房间。
选取本命令后，命令行提示如下：

> 请输入样板房间起始点:<退出>

选择矩形房间起点，命令行接着提示：

> 请输入样板房间终点:<退出>

选择矩形房间终点，命令行接着提示：

> 请输入目标房间起始点:<退出>
> 请输入目标房间终点:<退出>

选择目标房间起点、终点，弹出<复制模式选择>对话框，如图 10.48 所示。

选择好复制模式及产生如图 10.47 所示的结果，根据以下命令行提示确认正确，完成命令。

> 复制结果正确请回车，需要更改请键入 Y <确定>:

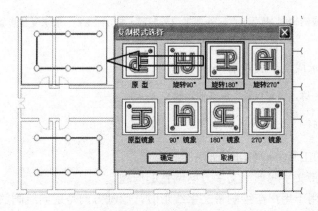

图 10.48　房间复制

16. 图块改色

菜单：<绘图工具>→<图块改色> ⣿
功能：修改选中图块的颜色。
在菜单上选取本命令后，命令行提示如下：

请选择范围<退出>：

在平面图中框选要改变颜色的图块，选中图块后弹出如图 10.49 所示的<选择颜色>对话框，选择所希望的颜色后，单击<确定>按钮，图中所选图块的颜色改变。

图 10.49　<选择颜色>对话框

17.　搜索轮廓

菜单：<绘图工具>→<搜索轮廓>

功能：对二维图搜索外包轮廓。

在菜单上选取本命令后，命令行提示如下：

选择二维对象：

选择需要搜索轮廓的二维对象，接下来命令行提示：

点取要生成的轮廓(提示：点取外部生成外轮廓；PLINEWID 系统变量设置 pline 宽度)<退出>：

确认后命令行提示成功生成轮廓：

成功生成轮廓，接着点取生成其他轮廓！：

18.　修正线形

菜单：<绘图工具>→<修正线形>

功能：修正带文字线形上文字方向倒置的问题。

本命令主要用于用户在绘制带文字线形时，绘制方向是逆向绘制的（即由下而上、由右而左绘制）时候，导线上的文字发生倒置的现象，使用本命令可以一次性将选中的所有倒置的线形文字修正过来。

本命令对于文字方向正常的线上文字不产生影响。

在菜单上选取本命令后，命令行提示如下：

　　请选择要修正线形的任意图元<退出>：

在平面图中框选或者点选待修正的线上文字。

本命令的具体操作示例如图 10.50 所示。

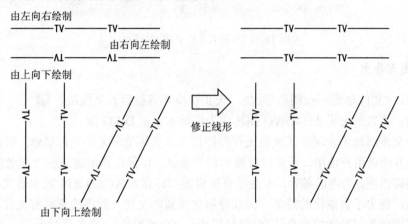

图 10.50　<修正线形>示例

19. 加粗曲线

菜单：<绘图工具>→<加粗曲线>

功能：加粗指定的曲线。

在菜单上选取本命令后，命令行提示如下：

```
Select objects:
```

在平面图中选择要加粗的 PLINE 线、曲线或导线，命令行接着提示：

　　线段宽<50>：

输入要求的线宽后，确定曲线加粗完成。

10.1.4   文件布图工具

1. 打开文件

菜单：<文件布图>→<打开文件>

功能：打开一张已有的 DWG 图形。能够自动纠正 AutoCAD R14 打开以前版本的图形时汉字出现乱码的现象。AutoCAD 打开<open>命令未修正代码页问题。

选取本命令，弹出如图 10.51 所示的<输入文件名称>对话框，根据需要输入文件名，打开一张 DWG 图。

<打开文件>命令可用于打开一张 DWG 图，可配合<转条件图>命令先调入一张已有的建筑图，在其基础上完成给排水平面图的绘制。

图 10.51 <输入文件名称>对话框

2. 图形导出

菜单: <文件布图>→<图形导出>(天正快捷工具栏第五个按钮)

功能: 将当前天正 2014DWG 图转化为旧版本天正 DWG 图。

图样交流问题所表现形式就是天正图档在非天正环境下无法全部显示,即天正对象消失。为方便老用户使用,天正软件做到向下兼容,以保证新版建筑图可在老版本天正软件中编辑出图,为考虑兼容,本命令直接将图形转存为 ACAD R14 版本格式。由于对象分解后,丧失了智能化的特征,因此分解生成新的文件,而不改变原有文件。

具有同样类似功能的命令还有<批转旧版>、<分解对象>,前者可对于若干 T-Elec7.0 格式文件同时转换,后者可对本图中部分图元进行转换。

3. 批转旧版

菜单: <文件布图>→<批转旧版>

功能: 将 T-Elec 7.0 图档批量转化为天正旧版 DWG 格式,同样支持图纸空间布局的转换,在转换 R14 版本时只转换第一个图纸空间布局。

选取本命令后,弹出如图 10.52 所示的<请选择待转换的文件>对话框。

图 10.52 <请选择待转换的文件>对话框

在对话框中允许多选文件,单击<打开>按钮继续选择保存路径后,命令行提示如下:

请选择输出类型:[TArch6 文件 (6)/TArch5 文件 (5)/TArch3 文件 (3)]<3>:

输入目标文件的版本格式,默认为天正 3 格式,系统会给当前文件名加扩展名_t3,按 Enter 键后开始进行转换。

4. 构件导出

菜单：<文件布图>→<三维漫游>

功能：把天正自定义实体，导出 XML 格式的文件，提供给其他软件做数据接口。

选取本命令后，命令行提示如下：

选择导出实体<退出>：

选择桥架图块按 Enter 键确定后，弹出如图 10.53 所示的<导出>对话框。

图 10.53   <导出>对话框

单击<查看 XML>按钮后，导出 XML 文件，如图 10.54 所示。

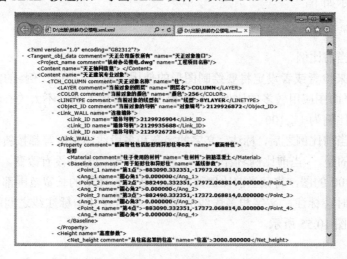

图 10.54   文件导出

5. 定义视口

菜单：<文件布图>→<定义视口>

功能：将模型空间的图形以不同比例的视口插入到图纸空间中，或定义一个空白的绘图视口。

选取本命令后，状态即切换到模型空间，同时命令行提示如下：

输入待布置的图形的第一个角点<退出>：

在模型空间中待选图形外选取一点，命令行接着提示：

输入另一个角点<退出>：

选取视口的第二点，视口的大小以将模型空间的所选图形全部套入为佳。命令行提示：

该视口的比例 1:<100>:

输入视口的比例。输入比例后，出现所框定的矩形边框，同时转换到图纸空间中，在图纸空间中选取合适的位置点，如果是框定的区域中存在已经绘制好的图形，则该部分图形将被布置到图纸空间中，如果在模型空间中框定的是一空白区域，则在图纸空间中新定义了一个所定比例的空白区域（此时所定的比例为即将绘图的比例）。

使用<定义视口>命令建立一个视口后，用户就可以分别进入到每个视口中，使用天正的命令进行绘图和编辑工作。各个视口可以拥有各自不同的视口比例，每个视口的比例可以由<改变比例>命令重新设定。

6. 当前比例

菜单：<设置>→<当前比例>（<文件布图>→<当前比例>）

功能：设定将要绘制图形的使用比例。

命令行提示如下：

当前比例 <100>:

输入数字修改当前比例。

此命令用来检查或者设定将要绘制图形的使用比例。<当前比例>的默认值为 1：100，这只是平面图应用较多的比例。在建模的开始阶段，通常不太关心输出比例。天正默认的初始比例为 1：100。

在设定了当前比例之后，标注、文字的字高和多段线的宽度等都按新设置的比例绘制。需要说明的是，<当前比例>值改变后，图形的度量尺寸并没有改变。例如，一张当前比例为 1：100 的图，将其当前比例改为 1：50 后，图形的长宽范围都保持不变，再进行尺寸标注时，标注、文字和多段线的字高、符号尺寸与标注线之间的相对间距缩小了一倍，如图 10.55 所示。

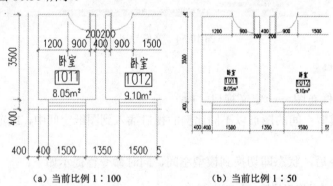

(a) 当前比例 1：100   (b) 当前比例 1：50

图 10.55   <当前比例>示意

当前比例值总显示在状态栏上的左下角，图纸标注值比例为 1：1。

7. 图纸比对

菜单：<文件布图>→<图纸比对>（TZBD）

功能：选择两个 DWG 文件，对整图进行比对（速度较慢）。

比对图纸时，建议在一张新开的 DWG 图纸上进行，且两比对图基点 insbase 要一致，比对结果中白色为完全一致部分，红色为原图部分，黄色为新图部分。

选取本命令后，弹出如图 10.56 所示的对话框。找到路径然后选择需要比对的图纸，双击第一张，再双击第二张。会在比对图纸上显示出比对结果。

图 10.56　图纸比对对话框

比对的两张图应处于关闭状态。

比对示意图如图 10.57 和图 10.58 所示。

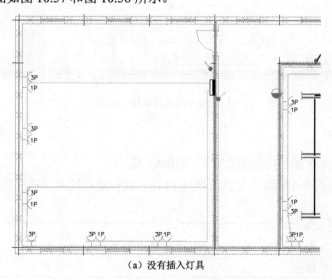

（a）没有插入灯具

图 10.57　相互比对的两个图

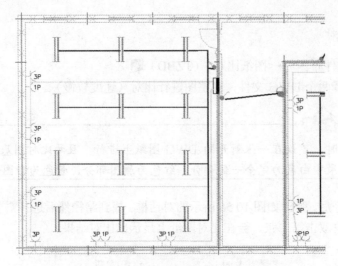

（b）已经插入灯具

图 10.57（续）

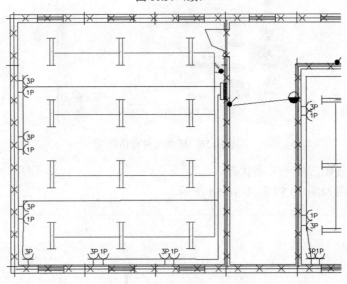

图 10.58　比对后结果示意图

8. 局部比对

菜单：<文件布图>→<局部比对>（JBBD）

功能：选择两个 DWG 文件，对所选 PLINE 线内进行比对（速度较快）。

> 提　示
>
> 　　两比对图基点 insbase 要一致，比对结果中白色为完全一致部分，红色为原图部分，黄色为新图部分。

选取本命令后，命令行提示如下：

请选择表达要进行比对区域的闭合 PLINE:<退出>

当选择要与原图比对的图纸后（双击所需图纸），会自动生成 CompareDwg.dwg 图纸，在此图纸上显示比对结果。

9. 图纸保护

菜单：<文件布图>→<图纸保护>　

功能：将需要保护的图元制作成一个不可以被分解的图块。

选取本命令后，命令行提示如下：

慎重，加密前请备份。该命令会分解天正对象，且无法还原，是否继续：

N:不继续进行图纸保护操作。Y:继续进行图纸保护操作。

> **注　意**
>
> 　　由于<图纸保护>命令会将所选的天正自定义对象分解，且是不可逆的操作，所以请事先备份本图以便继续编辑。

输入 Y 后，提示：

请选择范围<退出>：

框选范围后，提示：

请输入密码<退出>：

输入密码后完成。

10. 三维剖切

菜单：<文件布图>→<三维剖切>

功能：根据图样上的构件平面图生成剖面图。

选取本命令后，按以下命令行提示操作：

请输入投影面的第一个点：
请输入投影面的第二个点：
请输入剖面的序号<1>：
请确定投影范围：
输入投影结果的显示原点：

操作结束，需要剖面的图如图 10.59 所示，剖视结果如图 10.60 所示。

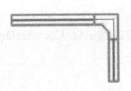

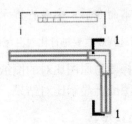

图 10.59　桥架平面图　　　　　　　　图 10.60　桥架剖面图

11. 改变比例

菜单：<文件布图>→<改变比例>

功能：在图纸空间执行时，改变视口的比例，并且同时更新视口中图形比例相关尺寸。在模型空间执行时，改变模型空间中某一个范围的图形比例相关尺寸，设定新的当前比例。

在布图过程中，定义视口时仅仅是把图形的总体比例设置为正确的视口比例，但是如果用户不是对每一个视口中的图形事先改好当前比例再去绘图，而统一用一个默认值来绘图，则无法保证每个视口的图形的文字、标注、符号的尺寸都符合要求。例如，常见的就是都用当前比例 1：30 画立面，也画局部放大详图，这时执行了定义视口命令之后，对其中 1：30 的视口，比例无疑是正确的，但是对 1：15 的详图，其中的文字、标注显然过大，需要对该视口图形按 1：15 比例做出更新，如图 10.61 所示。

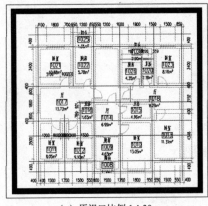

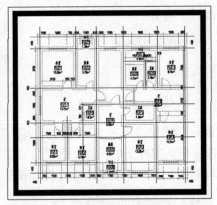

（a）原视口比例 1：30　　　　　　　　　（b）视口比例改为 1：15

图 10.61　改变比例示例

在图纸空间执行时的命令交互：

　　　　选择要改变比例的视口：

选取一个视口。

在模型空间执行时的命令交互：

　　　　请输入新的出图比例<30>:50

从视口获得视口比例值作默认值，改为 1：50。此时，视口尺寸按比例缩小，同时其中图形尺寸也相应缩小了相同比例。命令行提示如下：

　　　　请选择要改变比例的图元：

从视口中以窗选选择范围，按 Enter 键结束选择。这时，视口中图形与比例不符的轴圈、尺寸标注、文字、符号等都得到更新。

12．改 T3 比例

菜单：<文件布图>→<改 T3 比例> ▦

功能：改变 T-Elec 3 图上某一区域或图纸上某一视窗口的出图比例，并使文字标注等字高合理。在图纸空间执行时，改变视口的比例，并且同时更新视口中图形比例相关尺寸。在模型空间执行时，改变模型空间中某一个范围的图形比例相关尺寸，设定新的当前比例。

具体的操作方法同<改变比例>命令。

13．批量打印

菜单：<文件布图>→<批量打印> ▤

功能：根据搜索图框，可以同时打印若干图幅。

选取本命令后，弹出如图 10.62 所示的<天正批量打印>对话框。

14．插入图框

菜单：<文件布图>→<插入图框> ▣

功能：在当前模型空间或图纸空间插入图框，新增通长标题栏功能及图框直接插入功能，预览图像框提供鼠标滚轮缩放与平移功能，插入图框前按当前参数拖动图框，用于测试图幅是否合适。图框和标题栏均统一由图框库管理，能使用的标题栏和图框样式不受限制，新的带属性标题栏支持图纸目录生成。

选取本命令后，弹出如图 10.63 所示的<插入图框>对话框，其控件的功能说明如表 10.5 所示。

图 10.62　<天正批量打印>对话框

图 10.63　<插入图框>对话框

表 10.5　<插入图框>对话框控件的功能说明

控　件	功　能
标准图幅	共有 A4～A0 五种标准图幅，单击某一图幅的按钮，就选定了相应的图幅
图长/图宽	通过输入数字，直接设定图纸的长宽尺寸或显示标准图幅的图长与图宽
横式/立式	选定图纸格式为立式或横式
加长	选定加长型的标准图幅，单击右侧的下拉按钮，出现国标加长图幅供选择
自定义	如果使用过在图长和图宽栏中输入的非标准图框尺寸，命令会把此尺寸作为自定义尺寸保存在此下拉列表中，单击右侧的下拉按钮可以从中选择已保存的 20 个自定义尺寸
比例	设定图框的出图比例，此数字应与<打印>对话框的<出图比例>一致。此比例也可从列表中选取，如果列表没有，也可直接输入。勾选<图纸空间>复选框后，此控件暗显，比例自动设为 1：1
图纸空间	勾选此复选框后，当前视图切换为图纸空间（布局），<比例 1：>自动设置为 1：1
会签栏	勾选此复选框，允许在图框左上角加入会签栏，单击右侧的按钮，从图框库中可选取预先入库的会签栏
标准标题栏	勾选此复选框，允许在图框右下角加入国标样式的标题栏，单击右侧的按钮，从图框库中可选取预先入库的标题栏
通长标题栏	勾选此复选框，允许在图框右方或者下方加入用户自定义样式的标题栏，单击右侧的按钮，从图框库中可选取预先入库的标题栏，命令自动从用户所选中的标题栏尺寸判断插入的是竖向或是横向的标题栏，采取合理的插入方式并添加通长线
右对齐	图框在下方插入横向通长标题栏时，勾选<右对齐>复选框时可使得标题栏右对齐，左边插入附件
附件栏	勾选<通长标题栏>复选框后，<附件栏>可选，勾选<附件栏>复选框后，允许图框一端加入附件栏，单击右侧的按钮，从图框库中可选取预先入库的附件栏，可以是设计单位徽标或者是会签栏
直接插图框	勾选此复选框，允许在当前图形中直接插入带有标题栏与会签栏的完整图框，而不必选择图幅尺寸和图纸格式，单击右侧的按钮，从图框库中可选取预先入库的完整图框

1）由图库中选取预设的标题栏和会签栏，实时组成图框插入，使用方法如下：

可在<图幅>选项组中先选定所需的图幅格式是横式还是立式，然后选择图幅尺寸是 A4～A0 中的某个尺寸，需加长时从<加长>下拉列表中选取相应的加长型图幅，如果是非标准尺寸，在<图长>和<图宽>文本框内输入。

在图纸空间下插入时勾选<图纸空间>复选框，在模型空间下插入则选择出图比例，再确定是否需要标题栏、会签栏，是标准标题栏还是使用通长标题栏。

如果勾选了<通长标题栏>复选框，操作后，进入图框库选择按水平图签还是竖置图签格式布置。

如果还有附件栏要求插入，则勾选<通长标题栏>复选框后，再勾选<附件栏>复选框，单击<附件栏>后的按钮，选择插入院徽或插入其他附件。

确定所有选项符合要求后，单击<插入>按钮，屏幕上出现一个可拖动的蓝色图框，移动光标拖动图框，看尺寸和位置是否合适，在合适位置取点插入图框，如果图幅尺寸或者方向不合适，右击或按 Enter 键返回对话框，重新选择参数。

2）直接插入事先入库的完整图框，使用方法如下：

勾选<直接插图框>复选框，然后单击<直接插图框>后的按钮，进入图框库选择完整图框，其中每个标准图幅和加长图幅都要独立入库，每个图框都是带有标题栏和会签栏、院标等附件的完整图框。

在图纸空间下插入时勾选<图纸空间>复选框，在模型空间下插入时则选择出图比例。

确定所有选项符合要求后，单击<插入>按钮，如图 10.64 所示。

如果当前为模型空间，基点为图框中点，拖动显示图框，命令行提示如下：

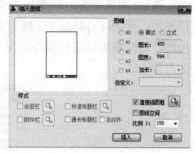

图 10.64　直接插入图框

请点取插入位置<返回>：

选取图框位置即可插入图框，右击或按 Enter 键返回对话框重新更改参数。

3）在图纸空间插入图框的特点如下：

在图纸空间中插入图框与模型空间区别主要是，在模型空间中图框插入基点居中拖动套入已经绘制的图形，而一旦在对话框中勾选<图纸空间>复选框，绘图区立刻切换到图纸空间布局 1，图框的插入基点则自动定为左下角，默认插入点为（0，0），命令行提示如下：

请点取插入位置[原点(Z)]<返回>Z：

选取图框插入点即可在其他位置插入图框，输入"Z"，默认插入点为（0，0），按 Enter 键返回重新更改参数。

4）预览图像框的使用。

新编制的预览图像框提供鼠标滚轮和中键的支持，可以放大和平移在其中显示的图框，可以清楚地看到所插入的标题栏的详细内容。

图框是由框线和标题栏、会签栏和设计单位标志组成的，TWT 把标志部分称为附件栏，当采用标题栏插入图框时，框线由系统按图框尺寸绘制，用户不必定义，而其他部分都是可以由用户根据自己单位的图标样式加以定制的；当勾选<直接插图框>复选框时，用户在图库中选择的是预先入库的整个图框，直接按比例插入到图纸中，本节分别介绍标题栏的定制及直接插入用户图框的定制，结果如图 10.65 所示。

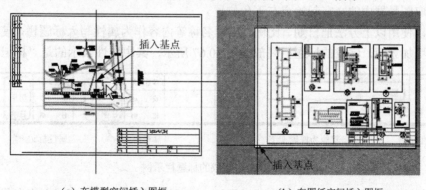

（a）在模型空间插入图框　　　　　　　（b）在图纸空间插入图框

图 10.65　插入示例

5）用户定制标题栏的准备。

为了使用新的<图纸目录>功能，用户必须使用 AutoCAD 的属性定义命令（Attdef）把图号和图纸名称属性写入图框中的标题栏，把带有属性的标题栏加入图框库，并且在插入图框后把属性值改写为实际内容，才能实现图纸目录的生成，方法如下：

选取<图库图案>→<通用图库>命令打开图框库，插入要求添加属性的图框或者标题栏图块；使用 Explode（分解）命令对该图块分解两次，使得图框标题栏的分隔线为单根线，这时就可以进行属性定义了；在命令行中，使用 Attdef 命令输入如图 10.66 所示的内容。

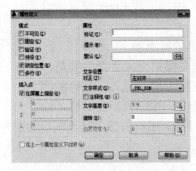

图 10.66　<属性定义>对话框

6）标题栏属性定义的说明：

<文字样式>在下拉列表中选择文字样式。

<文字高度>按照实际打印图纸上的规定字高（毫米）输入。

<标记>是系统提取的关键字，可以是"图名"、"图纸名称"，或者含有上面两个词的文字，如"扩展图名"等。

<提示>是属性输入时用的文字提示，这里应与<标记>相同，它提示用户属性项中要填写的内容是什么。

<在屏幕上指定>应拾取图名框内的文字起始点左下角位置。

同样的方法，使用 Attdef 命令输入图号属性，<标记>、<提示>均为"图号"，拾取点应拾取图号框内的文字起始点左下角位置。

可以使用以上方法把日期、比例、工程名称等内容作为属性写入标题栏，使得后面的编辑更加方便，完成的标题栏局部如图 10.67 所示，其中属性显示的是"标记"。

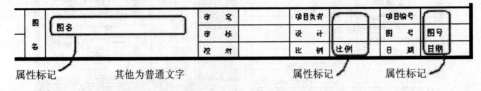

图 10.67　完成的标题栏示例

把这个添加属性文字后的图框或者图签（标题栏）使用<重制>方式入库取代原来的图块，即可完成带属性的图框（标题栏）的准备工作，插入点为右下角（图 10.68）。

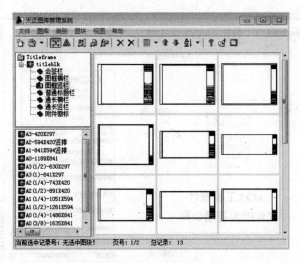

图 10.68   标题栏入库

7）用户图框库。

图框库 titleblk 提供了部分设计院的标题栏仅供用户作为样板参考，实际要根据自己所服务的各设计单位标题栏进行修改，重新入库，在此对用户修改入库的内容有以下要求：

所有标题栏和附件图块的基点均为右下角点，为了准确计算通长标题栏的宽度，要求用户定义的矩形标题栏外部不能注写其他内容，类似"本图没有盖章无效"等文字说明要写入标题栏或附件栏内部。

作为附件的徽标要求四周留有空白，要使用 point 命令在左上角和右下角画出两对角控制点，用于准确标示徽标范围，点样式为小圆点，入库时要包括徽标和两点在内，插入点为右下角点（图 10.69）。

作为附件排在竖排标题栏顶端的会签栏或修改表，宽度要求与标题栏宽度一致，由于不留空白，因此不必画出对角点。

作为通栏横排标题栏的徽标，包括对角点在内的高度要求与标题栏高度一致。

8）直接插入的用户定制图框。

首先是以<插入图框>命令选择打算重新定制的图框大小，选择包括打算修改的类似标题栏，以 1∶1 的比例插入图中，然后执行 Explode（分解）图框图块，除了用 Line 命令绘制与修改新标题栏的样式外，还要按上面介绍的内容修改与定制自己的新标题栏中的属性。

完成修改后，选择要取代的用户图框，以通用图库的<重制>工具覆盖原有内容，或者自己创建一个图框页面类型，以通用图库的<入库>工具重新入库，注意此类直接插入图框在插入时不能修改尺寸，因此对不同尺寸的图框，要求重复按本节的内容，对不同尺寸包括不同的延长尺寸的图框各自入库，重新安装 T-Arch 6 时，图框库不会被安装程序所覆盖。

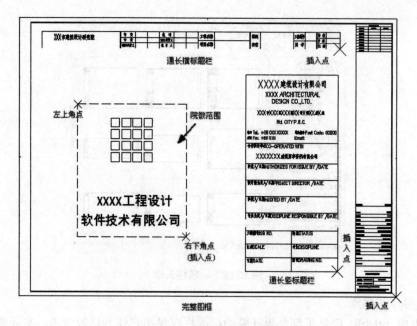

图 10.69　完成的标题栏调出

10.2　任务实施：图样说明及打印输出

图样说明及打印等内容，涉及文字工具、符号工具、绘图工具及文件布图等工具。在编写图样说明的时候需要文字录入及文字编辑等相关工具；在建筑设计、电缆沟及三维桥架方面设计中需要各种标注及标注编辑工具；在绘制图样的工程中需要对图形进行一些处理及编辑，用到绘图工具；在绘制完图样后需要给图样添加图框、设置打印窗口及改变图样的比例及文件输出的设置，涉及文件布图工具。本项目的内容就是介绍这个工具的使用。

1. 编写图样说明书

1）确定自己在设计规程中所依据的规范要求及规范条款。

2）确定设备的参数、安装位置以及设备选型的要求等内容。

3）确定非标设备的参数、要求、安装要求等内容。

4）对说明的文字内容进行编辑。

2. 建筑图样的标注及符号添加

1）根据实际建筑的位置，添加指北针。

2）根据室外标准 0 高度，在建筑图样上添加标高。

3）在需要剖切的部分，添加剖视图。

4）对标注进行编辑。

3. 图样绘制过程中的编辑及处理

1）在绘制建筑图样过程中，利用移动、复制、粘贴等命令简化设计。
2）利用加、减洞的操作，添加地下电缆沟的横切面和墙体桥架的横切面。
3）对整体建筑添加强调内容，如线图案、加粗线等操作。
4）对线型、轮廓、图块进行编辑。

4. 图样打印输出的相关设置及处理

1）给图样添加图框及编辑图框内容，根据要求设计个性化特色的图框。
2）设置打印局部内容或打印整个图样。
3）图样比例设置及局部比例设置。
4）图样格式的转换及版本转换。

附录 AutoCAD 命令快捷键

1. 绘图命令

快捷键	命令	含义
A	ARC	圆弧
B	BLOCK	块定义
C	CIRCLE	圆
DIV	DIVIDE	等分
DO	DONUT	圆环
DT	TEXT	单行文本
EL	ELLIPSE	椭圆
H	HATCH	填充
I	INSERT	插入块
L	LINE	直线
ML	MLINE	多线
PL	PLINE	多段线
PO	POINT	点
POL	POLYGON	多边形
REC	RECTANG	矩形
SPL	SPLINE	样条曲线
T	MTEXT	多行文本
W	WBLOCK	定义外部块

2. 修改命令

快捷键	命令	含义
AR	ARRAY	阵列
BR	BREAK	打断
CHA	CHAMFER	倒角
CO	COPY	复制
E	ERASE	删除
ED	DDEDIT	修改
EX	EXTEND	延伸
F	FILLET	圆角
LEN	LENGTHEN	拉长
M	MOVE	移动
MI	MIRROR	镜像
O	OFFSET	偏移
RO	ROTATE	旋转
EXT	EXTRUDE	拉伸
SC	SCALE	缩放
TR	TRIM	修剪
U	UNDO	放弃
X	EXPLODE	分解

3. 对象特性

快捷键	命令	含义
ATE	ATTEDIT	编辑属性
ATT	ATTDEF	属性定义
LA	LAYER	图层操作
LT	LINETYPE	线型
LTS	LTSCALE	线型比例
LW	LWEIGHT	线宽
MA	MATCHPROP	格式刷
OP	OPTIONS	选项设置
OS	OSNAP	对象捕捉设置
PRE	PREVIEW	打印预览
PRINT	PLOT	打印
RE	REGEN	重生成
ST	STYLE	文字样式
TO	TOOLBAR	工具栏
UN	UNITS	图形单位

4. 尺寸标注

快捷键	命令	含义
D	DIMSTYLE	标注样式
DAL	DIMALIGNED	对齐标注
DAN	DIMANGULAR	角度标注
DDI	DIMDIAMETER	直径标注
DED	DIMEDIT	编辑标注
DLI	DIMLINEAR	线性标注
DOR	DIMORDINATE	点标注
DOV	DIMOVERRIDE	替换标注
DRA	DIMRADIUS	半径标注
LE	QLEADER	快速引线标注
TOL	TOLERANCE	几何公差标注

5. Ctrl 快捷键

快捷键	命令	含义
Ctrl＋1	PROPERTIES	修改特性
Ctrl＋2	ADCENTER	设计中心
Ctrl＋B	SNAP	栅格捕捉
Ctrl＋C	COPY	复制
Ctrl＋F	OSNAP	对象捕捉
Ctrl＋G	GRID	栅格
Ctrl＋L	ORTHO	正交

续表

快捷键	命令	含义
Ctrl+N	NEW	新建文件
Ctrl+O	OPEN	打开文件
Ctrl+P	PLON	打印文件
Ctrl+S	QSAVE	保存文件
Ctrl+U	—	极轴
Ctrl+V	PASTECLIP	粘贴
Ctrl+W	—	对象追踪
Ctrl+X	CUTCLIP	剪切
Ctrl+Z	U	放弃